计算机组装与维护

实战入门与提高（第2版）

·多媒体案例教学·

主　编：叶刚　刘生
副主编：高赫　朱闻闻　钟淼

科学出版社

北京

内 容 简 介

本书系统介绍了计算机组装与维护的相关技术,并以任务的形式来组织内容,可操作性极强。内容包括 CPU、主板、内存、硬盘等计算机硬件的基础知识,外设接口识别,Windows 操作系统的使用,硬件组装实战,选购笔记本电脑,BIOS 设置,系统及驱动的安装,常用工具软件介绍,办公软件及应用软件的安装与操作,双系统的安装,硬件升级,超频,计算机常见故障检测与排除,开机优化,系统清理,无线办公局域网络的组建,Windows PE 的使用方法等。本书内容深浅适中,选取最常用的知识进行讲解,让初学者能够很快上手,在很短的时间内快速学会计算机组装与维护的知识。

本书适合 DIY 爱好者、计算机发烧友、装机人员、计算机维修人员、IT 从业人员使用,也适合作为计算机培训学校以及大中专院校相关课程的教材。

图书在版编目(CIP)数据

计算机组装与维护实战入门与提高/叶刚,刘生主编. —2 版. —北京:科学出版社,2014.1
ISBN 978-7-03-039236-7

Ⅰ. ①计… Ⅱ. ①叶…②刘… Ⅲ. ①电子计算机—组装②计算机维护 Ⅳ. ①TP30

中国版本图书馆 CIP 数据核字(2013)第 285875 号

责任编辑:何立兵 赵东升 / 责任校对:杨慧芳
责任印制:华 程 / 封面设计:张世杰

科学出版社 出版

北京东黄城根北街 16 号
邮政编码:100717
http://www.sciencep.com

北京市鑫山源印刷有限公司

中国科技出版传媒股份有限公司新世纪书局发行 各地新华书店经销

*

2014 年 1 月 第 一 版 开本:787×1092 1/16
2016 年 1 月 2 次印刷 印张:19 1/2
字数:474 000

定价:45.00 元(含 1CD 价格)

前　言　Preface

计算机组装与维护是一门实践性很强的课程，本书以操作技能的培养作为目标，通过任务的形式，让读者能得到更多的实践机会。学习本书后，读者可以熟悉计算机系统的基本工作原理、各部件的性能，能够熟练组装计算机，掌握硬件系统常见故障的诊断维修技术，并能对 PC 的软件系统进行相关的维护。

由于计算机产品更新换代的速度非常快，因此我们对每一个部件的介绍都着眼于市场上的主流产品，重点放在硬件的安装、故障的确定，以及软件系统的安装调试等方面，强调实用性，尽量回避高深的专业内容，以学以致用作为首要目标。

编写原则

本书符合国家高技能人才培养目标和相关专业技术领域的岗位要求，对学生职业能力的培养和素质的养成起着重要的支撑与促进作用，在编写过程中遵循以下原则。

（1）理论知识以"够用"为前提，培养创新型应用人才

本书是根据全国高职课程改革的要求而编写的，是计算机专业课程建设改革的一个全新的思路。本书以培养应用型人才为目标，确保理论知识够用，加大新知识、新技术的介绍，加强实验、实践力度，以培养创新型应用人才。

（2）注重现代化教育技术在教学中的应用

众多 IT 专家、教师和职业经理一致认为，技术与团队合作精神是新技术人员必备的素质。本书的编写也正是以此为目标，让学生在模拟环境中反复训练，知识与技能并重，职业素质与职业道德并行。

（3）重视应用能力的培养与训练

本书以"任务驱动"的方式来设计实例与实验，使读者在了解理论的基础上，具备相应的操作技能。我们在写作过程中本着"在娱乐中学习，在团队建设中锻炼"的理念，让学生在不同层次与不同阶段的学习中一步步地适应工作，适应企业的就业环境。

内容特色

- **以项目为导向的学习模式**：此学习模式避开了大量理论的学习，以实践为主导，非常适合自学和教学使用。

- **实例丰富：** 涵盖计算机硬件基础知识、硬件的选购及安装、BIOS 的设置、系统及驱动的安装、常见故障分析、系统的优化清理、无线网络的组建、Windows PE 的制作等内容，读者可同时获取技术和理论两方面的知识。
- **针对性强：** 围绕计算机硬件的最新技术，让读者用最短的时间学到最有用的技术。

感谢

一本优秀作品的完成离不开许多人的默默支持与帮助，是众人心血和汗水的结晶。本书在编写过程中得到了来自多方面的大力支持和不同方式的关心及帮助，借此机会对他们表示诚挚的感谢。

由于作者水平有限，本书难免存在不足之处，真诚地希望读者朋友们批评指正。

2013 年 11 月

目　录

Contents

任务 4　选购配件 ···················· 50

任务 5　硬件组装实战 ·············· 61

任务 6　选购笔记本电脑 ·········· 78

目　录

Contents

目　录

Contents

目　录

Contents

任务 **1**

计算机硬件识别

情景描述

　　张松是一名艺术专业的大学生，现急需一台计算机为专业设计课程学习之用，因为自己对计算机知识懂得很少，在网络上看了很久相关知识并到电脑城了解市场情况后，面对纷繁复杂的计算机硬件还是一头雾水。为满足这类用户的需求，我们量身定制了一个计算机硬件识别的任务。

任务学习引导

要点 1　CPU

　　CPU（Central Processing Unit，中央处理单元）也称为微处理器（Microprocessor）或处理器（Processor）。CPU 是 PC（Personal Computer，个人计算机）的核心，其重要性好比大脑对于人一样，因为它负责处理、运算计算机内部的所有数据，而主板芯片组则像是心脏，它控制着数据的交换。CPU 的种类决定了使用的操作系统和相应的软件。CPU 主要由运算器、控制器、寄存器组和内部总线等构成。市场上常见的 CPU 主要由 Intel 和 AMD 公司生产，图 1-1 和图 1-2 所示分别为 Intel 和 AMD 公司的 CPU。

图 1-1　Intel 公司的 CPU

图 1-2　AMD 公司的 CPU

要点 2　主板

　　主板，又称为主机板（Main Board）、系统板（System Board）或母板（Mother Board），安装在机箱内，是 PC 最基本、最重要的部件之一。主板一般为矩形电路板，上面安装了组成计算机的主要电路系统，有 BIOS 芯片、I/O 控制芯片、键盘和面板控制开关接口、指示灯插接件、扩展插槽等。主板的另一特点是采用开放式结构。大多数主板有 6~8 个扩展插槽，供 PC 外围设备的控制卡（适配器）插接。可以通过更换这些控制卡，对 PC 的相应子系统进行局部升级，使厂家和用户在配置机型方面有更大的灵活性。总之，主板在整个 PC 系统中扮演着举足轻重的角色。主板的性能影响着整个计算机系统的性能。常见的主板厂商有华硕、微星、技嘉等，图 1-3 和图 1-4 所示分别为华硕主板和微星主板。

图1-3　华硕主板

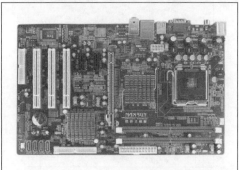

图1-4　微星主板

要点 3　内存

在计算机的组成结构中，存储器是一个很重要的部分，它用来存储程序和数据。对于计算机来说，有了存储器，它才有记忆功能，才能正常工作。存储器的种类很多，按其用途，可分为主存储器和辅助存储器。主存储器又称内存储器（简称内存）。常见的内存品牌有金士顿、威刚和宇瞻等。图1-5和图1-6所示分别为金士顿DDR3内存和宇瞻DDR3内存。

图1-5　金士顿DDR3内存

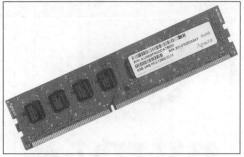

图1-6　宇瞻DDR3内存

要点 4　硬盘

硬盘是计算机的主要存储媒介之一，由一个或者多个铝制或者玻璃制的碟片组成，碟片外覆盖有铁磁性材料。绝大多数硬盘都是固定硬盘，被永久性地密封固定在硬盘驱动器中。台式机硬盘为3.5in，笔记本电脑硬盘为2.5in。硬盘的主要生产厂商有迈拓、希捷、西部数据、富士通、日立等，图1-7和图1-8所示分别为迈拓3.5in硬盘和希捷2.5in硬盘。

图 1-7 迈拓 3.5in 硬盘

图 1-8 希捷 2.5in 硬盘

要点 5

显卡

　　显卡将计算机系统所需要的显示信息进行转换驱动，并向显示器提供行扫描信号，控制显示器的正确显示，它是连接显示器和计算机主板的重要器件。显卡作为计算机主机里的一个重要组成部分，承担着输出并显示图形的任务。对于从事专业图形设计的人来说，显卡的性能非常重要。常见的显卡芯片供应商有 nVIDIA 和 AMD（ATI），图 1-9 和图 1-10 所示分别为 nVIDIA 和 ATI 商标。

图 1-9 nVIDIA 商标

图 1-10 ATI 商标

要点 6

显示器

　　显示器属于计算机的 I/O 设备，即输入/输出设备，它可以分为 CRT、LCD 等。它是一种将一定的电子文件通过特定的传输设备显示到屏幕上再反射到人眼的显示工具。

　　CRT 显示器是一种使用阴极射线管（Cathode Ray Tube）的显示器。CRT 纯平显示器具有可视角度大、无坏点、色彩还原度高、色度均匀、可调节的多分辨率模式、响应时间极短等优点。图 1-11 所示为 CRT 显示器。

　　LCD 是 Liquid Crystal Display 的缩写，中文名为液晶显示器。LCD 的构造是在两片平行的玻璃中放置液态的晶体，两片玻璃中间有许多垂直和水平的细小电线，透过通电与否来控制杆状水晶分子改变方向，将光线折射出来产生画面。LCD 比 CRT 显示器要好得多，但是价格也较贵。图 1-12 所示为 LCD 显示器。

图 1-11　CRT 显示器

图 1-12　LCD

要点 7　键盘和鼠标

　　键盘和鼠标是向计算机输入数据和信息的设备，是计算机与用户或其他设备通信的桥梁。输入设备是用户和计算机系统之间进行信息交换的主要装置之一。键盘、鼠标、摄像头、扫描仪、手写输入板、游戏杆、语音输入装置等都属于输入设备（Input Device）。图 1-13 和图 1-14 所示分别为键盘和鼠标。

图 1-13　键盘

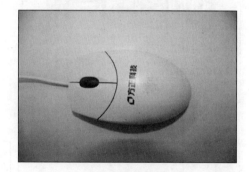

图 1-14　鼠标

操作与实训

　　本实训可以使读者快速识别计算机的各主要硬件，如主板、CPU、内存、硬盘等。

实训　PC 内部各硬件识别

　　计算机主机箱主要用来安装各类硬件设备，如主板、供电电源、硬盘、光驱、软驱等。

主机箱外观如图 1-15 所示。

　　硬件设备，如主板、供电电源、硬盘、光驱、软驱等，都是安装在计算机主机箱中的，如图 1-16 所示。

图 1-15　主机

图 1-16　主机内各部件

　　计算机主板主要用来安装 CPU、内存、显卡及连接外围设备（如鼠标、键盘）等。图 1-17 所示为主板，图 1-18 和图 1-19 所示分别为网卡和显卡。

　　内存如图 1-20 所示，金色的金属条部分就是金手指，其数据传输速率比硬盘快。

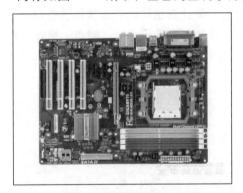

图 1-17　主板

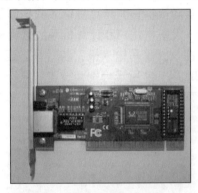

图 1-18　网卡

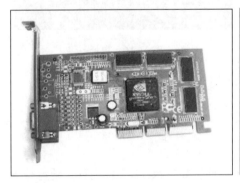

图 1-19　显卡

图 1-20　内存

　　硬盘主要用来存放系统文件及用户数据，它使用 IDE 或 SATA 数据线与主板相连，如图 1-21 所示。

　　CPU 安装在主板专用 CPU 插座上。主板 CPU 插座及 CPU 如图 1-22 和图 1-23 所示。

在主板上安装完 CPU 后，还需要安装 CPU 风扇，以在 CPU 高速工作时起到散热的作用。图 1-24 所示为 CPU 风扇。

图 1-21　硬盘连接

图 1-22　主板上的 CPU 插座

图 1-23　CPU

图 1-24　CPU 风扇

任务小结

本任务从 PC 主要硬件的识别入手，一起认识了 CPU、主板、内存、硬盘、显卡等计算机主要硬件。这对于一个急需快速识别相关硬件并了解相关硬件的功能的人来说是非常有帮助的。

任务 **2**

外设接口识别

情景描述

　　袁坤是某网络公司新入职的网络管理员，他同时负责 PC 的维护工作。入职的第一天，经理给袁坤下达了维修库房中的一批旧机器的任务，要求袁坤尽快把这批不同型号的机器组装起来。袁坤一直以来学习的是一些网络设备的管理，对 PC 接触得较少，当面对库房中配置各异的 PC 和一些零散的配件时，显得束手无策。平常，袁坤只知道一些简单的外设的连接方法，在库房忙了一整天也没有什么收获。现在的袁坤迫切需要一些专业知识，指导自己如何识别主板的各种接口以及相关的连接方法。相信学完此任务后，他就会一目了然。

CPU 接口

CPU 需要通过某个接口与主板连接才能工作。CPU 经过多年的发展，采用的接口方式不断地发生变化，有引脚式、卡式、触点式、针脚式等。目前主流 CPU 的接口分为两类，其中 Intel 公司的 CPU 采用触点式接口，而 AMD 公司的 CPU 主要采用针脚式接口。CPU 接口类型不同，插孔数、体积、形状都有变化，所以不能互相接插。

目前，市场上主流的 CPU 接口为 Socket 架构，如 LGA 2011、LGA 1366、LGA 1156、LGA 1155、Socket 775、Socket FM1、Socket FM2、Socket AM3、Socket AM2+、Socket AM2 等，较老的类型是 Slot 架构，如 Slot 1、Slot 2 等。

1. Socket AM2

Socket AM2 是支持 DDR2 内存的 AMD 64 位桌面 CPU 的接口标准，具有 940 根 CPU 针脚，支持双通道 DDR2 内存。虽然同样都具有 940 根 CPU 针脚，但 Socket AM2 与原有的 Socket 940 在针脚定义以及针脚排列方面都不相同，并不能相互兼容。Socket AM2 接口如图 2-1 所示。

图 2-1　Socket AM2 接口

2. Socket AM2+

Socket AM2+ 完全相容于 Socket AM2，采用 Socket AM2 的处理器也能用于 Socket AM2+ 的底板，反之亦然。Socket AM2+ 有两个主要特色是 Socket AM2 中没有的。

- 支持 HyperTransport 3.0，可运行于 2.6GHz 分隔电源层（Split Power Planes），CPU

核心和内存控制器（Integrated Memory Controller，IMC）能以不同的电压和工作频率独立运作。这能够改善节能，尤其在 CPU 核心进入睡眠模式但 IMC 仍然在使用时。

- Socket AM2+主板可兼容 Socket AM3，AM3 的处理器可用于 Socket AM2+主板上，但 Socket AM2+的处理器不相容于 Socket AM3 主板。

Socket AM2+接口如图 2-2 所示。

图 2-2 Socket AM2+接口

3. Socket AM3

它有 938 针的物理引脚，支持 HyperTransport 3.0。Socket AM3 处理器只支持一组内存模组通道运作在 DDR3 1333 的带宽下，其在搭载 4 根内存模组的时候，只能提供 DDR3 1066 的带宽。Socket AM3 接口如图 2-3 所示。

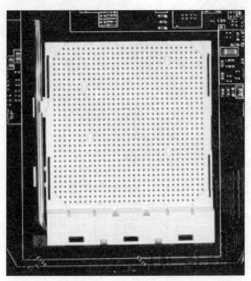

图 2-3 Socket AM3 接口

4. Socket FM1

Socket FM1 是 AMD 公司研发代号为"Llano"的处理器所用的桌面平台的 CPU 插槽，其针脚有 905 个。Llano 处理器于笔记本电脑所用的插槽为 Socket FT1，于上网本所用的插槽为 Socket FS1。Socket FM1 接口如图 2—4 所示。

图 2—4 Socket FM1 接口

5. Socket FM2

Socket FM2 是 AMD Trinity APU 桌面平台的 CPU 插座。新发布的 A85 的 FCH 芯片组将采用这种 CPU 接口。对于 A75、A55 芯片组，AMD 公司表示可以与 Trinity APU 相容，但是需要使用 Socket FM2 插座，因为 Socket FM2 与 Socket FM1 相比，针脚的排列和针脚数均有所改变。Socket FM2 接口不向下兼容 Socket FM1！Socket FM2 接口如图 2—5 所示。

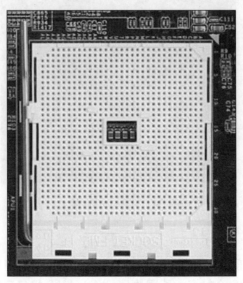

图 2—5 Socket FM2 接口

11

6. Socket 775

Socket 775 又称为 Socket T，采用此种接口的 CPU 有 LGA 775 封装的单核心的 Pentium 4、Pentium 4 EE、Celeron D，以及双核心的 Pentium D 和 Pentium EE 等。与以前的 Socket 478 接口 CPU 不同，Socket 775 接口 CPU 的底部没有传统的针脚，而代之以 775 个触点，即并非针脚式而是触点式，通过与对应的 Socket 775 插槽内的 775 根触针接触来传输信号。Socket 775 接口不仅能够有效提升处理器的信号强度、提升处理器频率，同时也可以提高处理器生产的良品率、降低生产成本。Socket 775 接口如图 2-6 所示。

图 2-6 Socket 775 接口

7. LGA 1366

LGA 1366 接口支持 QPI 总线，与老接口相比，拥有绝对优势。这主要是与新的 QPI 总线的引入以及整合内存控制器的架构设计有关。它是一款面向高端人士的产品，支持六核 32nm 处理器。LGA 1366 接口如图 2-7 所示。

图 2-7 LGA 1366 接口

8. LGA 1156

LGA 1156 接口与之前的 LGA 775/1366 如出一辙，同样是将处理器的针脚转移到了主板插座上，总共拥有 1156 个触点。不同的是，LGA 1156 接口底座的卡锁方式发生了一些变化，由原来的拉杆式卡锁变成了现在的牟钉式卡锁，但总体来讲本质上并没有发生变化。LGA 1156 接口如图 2-8 所示。

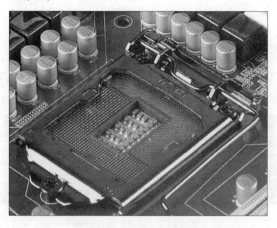

图 2-8　LGA 1156 接口

9. LGA 2011

LGA 2011，又称 Socket R，是英特尔（Intel）Sandy Bridge-EX 微架构 CPU 所使用的 CPU 接口。LGA 2011 接口有 2011 个触点，包含以下新特性：处理器最高可达八核；支持四通道 DDR3 内存；支持 PCI-E 3.0 规范；芯片组使用单芯片设计，支持两个 SATA 3Gb/s 和多达 10 个 SATA/SAS 6Gb/s 接口。LGA 2011 接口如图 2-9 所示。

图 2-9　LGA 2011 接口

要点 2　内存接口

关于内存，大多数系统都已采用单列直插内存模块（Single Inline Memory Module，SIMM）或双列直插内存模块（Dual Inline Memory Module，DIMM）来替代单个内存芯片。早期的 EDO 和 SDRAM 内存使用过 SIMM 和 DIMM 两种插槽，但从 SDRAM 开始，就以 DIMM 插槽为主，而到了 DDR 和 DDR2 时代，SIMM 插槽已经很少见了。

内存的主要种类有：DIMM、SDRAM、DDR、DDR2、DDR3 等。下面具体介绍几种常见的内存插槽。

1. SIMM

内存条通过金手指与主板连接，内存条正反两面都带有金手指。金手指可以在两面提供不同的信号，也可以提供相同的信号。SIMM 就是一种两侧金手指都提供相同信号的内存结构，它多用于早期的 FPM 和 EDD DRAM。SIMM 内存插槽如图 2-10 所示。

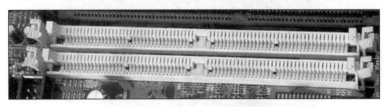

图 2-10 SIMM 内存插槽

2. DIMM

DIMM 内存的金手指两端不能互相通信，它们各自独立地传输信号，因此可以满足更多数据信号的传送需要。SDRAM DIMM 内存为 168pin DIMM 结构，金手指每面为 84pin，金手指上有两个卡口，用来避免插入插槽时，错误地将内存反向插入而导致烧毁。DIMM 内存插槽如图 2-11 所示。

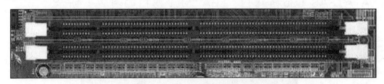

图 2-11 DIMM 内存插槽

DDR DIMM 内存则采用 184pin DIMM 结构，金手指每面有 92pin，金手指上只有一个卡口。卡口数量的不同是前两者最为明显的区别。DDR DIMM 内存插槽如图 2-12 所示。

图 2-12 DDR DIMM 内存插槽

DDR2 DIMM 内存为 240pin DIMM 结构，金手指每面有 120pin。与 DDR DIMM 一样，DDR2 DIMM 内存的金手指上也只有一个卡口，但是卡口的位置与 DDR DIMM 内存稍微有一些不同。DDR2 DIMM 内存插槽如图 2-13 所示。

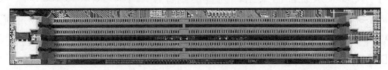

图 2-13 DDR2 DIMM 内存插槽

3. DDR3

DDR3 是针对 Intel 公司新型芯片的内存技术，其频率在 800MHz 以上。和 DDR2 内存相比，DDR3 内存有如下优势。

（1）功耗和发热量较小

DDR3 内存汲取了 DDR2 内存的教训，在控制成本的基础上减小了功耗和发热量，使得 DDR3 更易于被用户和厂家接受。

（2）工作频率更高

由于功耗降低，DDR3 内存可实现更高的工作频率，在一定程度上弥补了延迟时间较长的缺点，同时还可作为显卡的卖点之一，这在搭配 DDR3 显存的显卡上已有所表现。DDR3 内存插槽如图 2-14 所示。

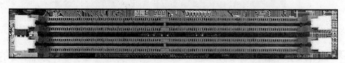

图 2-14　DDR3 内存插槽

要点 3 IDE 接口

IDE 的英文全称为 Integrated Drive Electronics，即 "电子集成驱动器"，它的本意是指把 "硬盘控制器" 与 "盘体" 集成在一起的硬盘驱动器。把盘体与控制器集成在一起的做法减少了硬盘接口的电缆数目与长度，数据传输的可靠性得到了增强，硬盘制造起来变得更容易，因为硬盘生产厂商不需要再担心自己的硬盘是否与其他厂商生产的控制器兼容。对用户而言，硬盘安装起来也更为方便。IDE 这一接口技术从诞生至今就一直在不断发展，性能也不断提高，其拥有的价格低廉、兼容性强的特点，为其造就了其他类型硬盘无法替代的地位。

IDE 接口的硬盘在硬盘连接的方式中占据了相当长的时间，直到后来的 SATA 接口的出现。IDE 接口硬盘如图 2-15 所示。

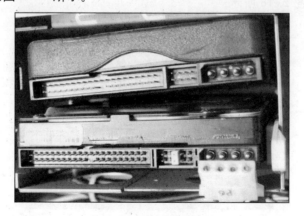

图 2-15　IDE 接口硬盘

IDE 数据线是连接硬盘与主板之间的数据通道，数据线中间的凸起是为了防止插错而设计的，如图 2-16 所示。

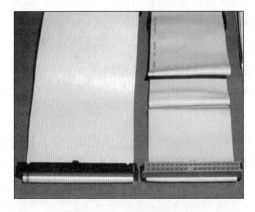

图 2-16　IDE 数据线

主板上的 IDE 插槽是数据传输的通道，它是连接硬盘上的 IDE 数据线的接口。主板上的 IDE 插槽如图 2-17 所示。

图 2-17　主板上的 IDE 插槽

IDE 数据线上有一个凸起的卡槽，主板上的 IDE 插槽中有一个向下凹的小槽，对准之后，垂直插入即可，如图 2-18 所示。

图 2-18　IDE 的主板接口的连接

IDE 连接 PCMCIA 卡在连接外接的设备时需要用到，图 2-19 所示为 IDE 连接 PCMCIA 卡。

图 2-19　IDE 连接 PCMCIA 卡

光驱和主板的连接方式仍然采用 IDE 的方式。光驱接口及其与数据线的连接如图 2-20 所示。

图 2-20　IDE 光驱接口及其与数据线的连接

有的外接硬盘需要把 IDE 接口转换为 USB 接口进行连接，如图 2-21 所示。

图 2-21　IDE 转 USB 连接

要点 4

SATA 接口

SATA（Serial Advanced Technology Attachment）接口主要应用在硬盘上。它是由 Intel、IBM、Dell、APT、Maxtor 和 Seagate 公司共同提出的硬盘接口规范，SATA 规范将硬盘的外部传输速率理论值提高到了 150Mb/s，比 PATA 标准 ATA 100 高出 50%，比 ATA 133 也要高出约 13%，而 SATA 2.0 接口的速率可达到 300Mb/s，SATA 3.0 接口的速率可达到 600Mb/s。SATA 接口的特点是：支持热插拔，传输速度快，执行效率高。硬盘上的 SATA 接口如图 2-22 所示。主板上的 SATA 插槽如图 2-23 所示。

图 2-22　硬盘上的 SATA 接口

图 2-23　主板上的 SATA 插槽

要点 5

PCI/PCI-E 接口

PCI（Peripheral Component Interconnect，外设部件互连标准）是目前个人计算机中使用最为广泛的接口，几乎所有的主板产品上都带有这种插槽。在目前流行的台式机主板上至少有 2~3 个 PCI 插槽。PCI 接口如图 2-24 所示。

图 2-24　PCI 接口

PCI-E 接口根据总线位宽不同而有所差异，包括 X1、X4、X8 及 X16，X2 模式则用于内部接口而非插槽模式。PCI-E 规格从 1 条通道连接到 32 条通道连接，有非常强的伸缩性，以满足不同的系统设备对数据传输带宽的需求。此外，较短的 PCI-E 卡可以插入到较长的 PCI-E 插槽中使用，PCI-E 接口还支持热插拔，这也是一个不小的飞跃。PCI-E 接口如图 2-25 所示。

图 2-25　PCI-E 接口

要点 6

AGP 接口

　　AGP（Accelerate Graphical Port，加速图形接口）的发展经历了 AGP 1.0（AGP 1X、AGP 2X）、AGP 2.0（AGP Pro、AGP 4X）、AGP 3.0（AGP 8X）等阶段，其传输速度也从最早的 AGP 1X 的 266Mb/s 发展到了 AGP 8X 的 2.1Gb/s。AGP 接口如图 2-26 所示。

图 2-26　AGP 接口

要点 7

软驱接口

　　软盘驱动器就是人们平常所说的软驱，英文名称为 Floppy Disk Driver，它是读取 3.5in 或 5.25in 软盘的设备。现今，还能见到的是 3.5in 的软驱，可以读写 1.44MB 的 3.5in 软盘，5.25in 软盘已经被淘汰，很少见到。 软驱分内置和外置两种。内置软驱使用专用的 FDD 接口（这是内置软驱接口，是传统的软驱接口，直接与计算机主板上的软驱接口相连，价格低廉），一般位于 IDE 接口旁边。软驱接口如图 2-27 所示。

图 2-27　软驱接口

要点 8 机箱后面板接口

机箱后面板接口如图 2-28 所示。

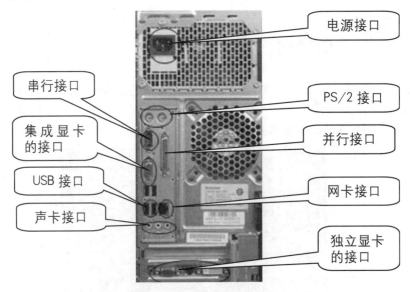

电源接口

串行接口

PS/2 接口

集成显卡的接口

并行接口

USB 接口

网卡接口

声卡接口

独立显卡的接口

图 2-28　机箱后面板接口

1. 电源接口

ATX 是计算机的工作电源,其作用是把 220V 的交流电源转换为计算机内部使用的 5V、12V、24V 的直流电源。

2. PS/2 接口

PS/2 是在较早的计算机上常见的接口之一,用于鼠标、键盘等设备。一般情况下,鼠标的 PS/2 接口为绿色,键盘的 PS/2 接口为紫色。

PS/2 接口是输入装置接口,而不是传输接口,所以 PS/2 接口根本没有传输速率的概念,只有扫描速率。在 Windows 环境下,PS/2 接口鼠标的采样率默认为 60 次/秒,USB 接口鼠标的采样率为 120 次/秒。较高的采样率理论上可以提高鼠标的移动精度。

PS/2 接口设备不支持热插拔,强行带电插拔有可能烧毁主板。

PS/2 接口可以与 USB 接口互转，即 PS/2 接口可以转成 USB 接口，USB 接口也可以转成 PS/2 接口。

3．集成/独立显卡接口

显卡接口类型是指显卡与主板连接所采用的接口种类。显卡的接口决定着显卡与系统之间数据传输的最大带宽，也就是瞬间所能传输的最大数据量。不同的接口决定着主板是否能够使用此显卡，只有在主板上有相应接口的情况下，显卡才能使用，并且不同的接口能为显卡带来不同的性能。

4．串行接口

串行接口简称"串口"，也称为串行通信接口，按电气标准及协议来分，包括 RS-232-C、RS-422、RS-485、USB 等。RS-232-C、RS-422 与 RS-485 标准只对接口的电气特性作出规定，不涉及接插件、电缆或协议。

5．并行接口

并行接口简称"并口"，是一种增强了的双向并行传输接口。其优点是不需要在 PC 中用其他的卡，不限制连接数目（只要你有足够的端口），设备的安装及使用容易，最高传输速度为 1.5Mb/s。目前，计算机中的并行接口主要作为打印机端口，接口使用的不再是 36pin 接头，而是 25pin D 形接头。所谓"并行"，是指 8 位数据同时通过并行线进行传送。这样数据传送速度大大提高，但并行传送的线路长度受到限制，因为长度增加，干扰就会增加，容易出错。

并行接口是指数据的各位同时进行传送，其特点是结构简单，但当传输距离较远、位数又多时，通信线路复杂且成本高。

串口与并口的区别为：串口就像有一条车道；而并口就是有 8 条车道，同一时刻能传送 8 位（一个字节）数据。

并口的 8 位通道之间会互相干扰，传输时速度就受到了限制。当并口传输出错时，要同时重新传送 8 位数据。而串口没有干扰，传输出错后重发一位就可以了。所以，串口的传输速度比并口要快。串口硬盘就是因此而被人们重视的。

6．声卡接口

声卡接口是线性输入接口，标记为 Line In。Line In 端口将品质较好的声音、音乐信号输入，通过计算机的控制，将该信号录制成一个文件。通常，该端口用于外接辅助音源，如影碟机、收音机、录像机及 VCD 回放卡的音频输出。

7．USB 接口

USB（Universal Serial Bus，通用串行总线）接口具有支持热插拔、即插即用的优点。USB 有 3 个规范，即 USB 1.1、USB 2.0 和 USB 3.0。USB 接口与线缆如图 2-29 所示。

图 2-29　USB 接口与线缆

USB 1.1 高速方式的传输速率为 12Mb/s，低速方式的传输速率为 1.5Mb/s。

USB 2.0 规范是由 USB 1.1 规范演变而来的。它的传输速率达到了480Mb/s，足以满足大多数外设的速率要求。

USB 3.0 规范提供了 10 倍于 USB 2.0 的传输速度和更高的节能效率，可广泛用于 PC 外围设备和消费电子产品。USB 3.0 接口如图 2-30 所示。

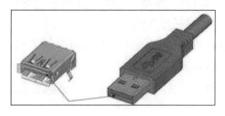

图 2-30　USB 3.0 接口

8．网卡接口

网卡是工作在数据链路层的网络设备，是局域网中连接计算机和传输介质的接口，它不仅能实现与局域网传输介质之间的物理连接和电信号匹配，还提供帧的发送与接收、帧的封装与拆封、介质访问控制、数据的编码与解码以及数据缓存等功能。

通过对主板各个接口的介绍，读者可以快速准确地识别各个接口，并且可以安装 CPU、CPU 风扇、硬盘及内存等。

主板主要部件及接口如图 2-31 所示。

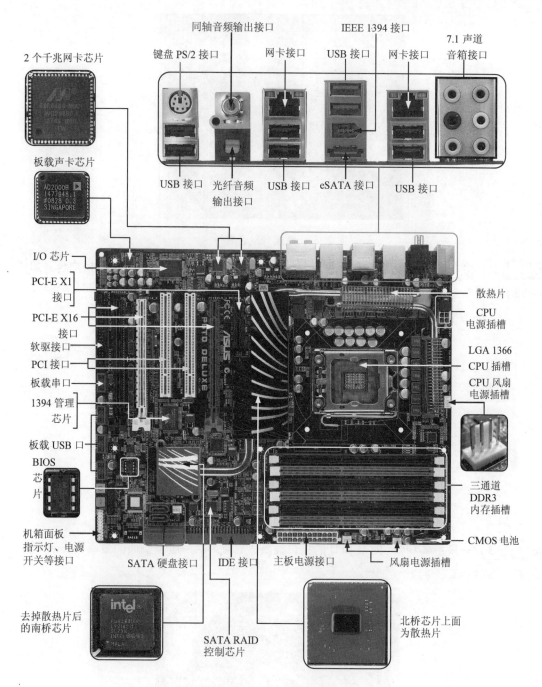

2 个千兆网卡芯片

板载声卡芯片

同轴音频输出接口

键盘 PS/2 接口

网卡接口

IEEE 1394 接口

USB 接口

网卡接口

7.1 声道
音箱接口

USB 接口

光纤音频
输出接口

USB 接口

eSATA 接口

USB 接口

I/O 芯片

PCI-E X1
接口

PCI-E X16
接口

软驱接口

PCI 接口

板载串口

1394 管理
芯片

板载 USB 口

BIOS
芯片

机箱面板
指示灯、电源
开关等接口

散热片

CPU
电源插槽

LGA 1366
CPU 插槽

CPU 风扇
电源插槽

三通道
DDR3
内存插槽

CMOS 电池

SATA 硬盘接口

IDE 接口

主板电源接口

风扇电源插槽

去掉散热片后
的南桥芯片

SATA RAID
控制芯片

北桥芯片上面
为散热片

图 2-31 主板主要部件及接口

实训 **1**

安装 CPU

步骤 **1** 掀起侧面的金属杆，如图 2-32 所示，并打开上面的金属框。

图 2-32　掀起 CPU 金属杆

步骤 2　将 CPU 安装到主板上，注意 CPU 放置的方向，CPU 凹口要与主板相吻合，如图 2-33 所示。

图 2-33　CPU 凹口

步骤 3　一只手拿 CPU，对准 CPU 的接口插槽，放置好后，压下侧面的金属杆安装 CPU，如图 2-34 所示。

图 2-34　安装 CPU

步骤 4 安装完 CPU 后需要将金属框盖好，并压下金属杆，如图 2-35 所示。

图 2-35 压下金属杆

实训 2 安装 CPU 风扇

CPU 安装好后需要安装 CPU 风扇。根据不同型号的主板和 CPU 会选购不同的 CPU 风扇，其安装方法也不一样。下面的安装方法只是众多方法中的一种，但其原理都相差不多。

步骤 1 在安装 CPU 风扇前需要在 CPU 上均匀地涂抹导热硅脂，如图 2-36 所示。这样做的目的是使 CPU 风扇更好地与 CPU 的表面接触。目前市场上大多数 CPU 风扇底部都带有导热硅脂。

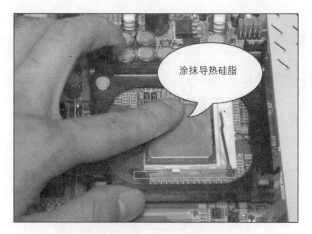

图 2-36 涂抹导热硅脂

步骤 2 将 CPU 风扇的 4 个固定架对准主板的相应位置，用力按下，将 CPU 风扇固定在主板上，如图 2-37 所示。

图 2-37　固定 CPU 风扇

步骤 3 单手扣押 CPU 风扇上的风扇扣，如图 2-38 所示。

步骤 4 CPU 风扇安装完毕后，还需要连接 CPU 风扇电源，如图 2-39 所示。

图 2-38　风扇扣

图 2-39　连接 CPU 风扇电源

实训 3　安装 IDE 接口硬盘

步骤 1 将硬盘反向安装在主机箱内相应的位置并固定好，如图 2-40 所示。

将 3.5in 的硬盘反向装进机箱

图 2-40　固定硬盘

步骤 2 将 IDE 数据线与硬盘和主板上的 IDE 插槽连接，注意凸起和凹槽相互匹配，如图 2-41 所示。

将 ATA 66/100 数据线的另一端插入硬盘的 IDE 插槽中

图 2-41　安装数据线

步骤 3 连接硬盘电源，IDE 红色边线和电源的红色边线相邻，如图 2-42 所示。

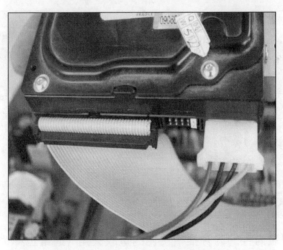

图 2-42　安装电源线

实训 4

安装 SATA 接口硬盘

步骤 1 像实训 3 中安装 IDE 接口硬盘一样，将 SATA 硬盘固定在机箱的 3.5in 固定架上。

步骤 2 将硬盘串口数据线的一端与硬盘的数据线接口相连（数据线的接口有防接反设计），另一端插在主板的 SATA 接口上，连接方法如图 2-43 所示。

（a）安装硬盘串口线

（b）安装主板串口线

图 2-43　连接硬盘数据线

步骤 3 SATA 硬盘使用专用的电源接头，如果电源中没有，则需要接一根转接线。硬盘的电源接口有防接反设计，如图 2-44 所示。

图 2-44　连接硬盘电源线

实训 5　安装内存

步骤 1 将需要安装内存的内存插槽两侧的塑胶夹角（通常也称为"保险栓"）往外侧扳动，使内存条能够插入，如图 2-45 所示。

将保险栓往外侧扳动

图 2-45　扳开保险栓

步骤 2 将内存条引脚上的缺口对准内存插槽内凸起的地方，将内存放置到插槽中，如图 2-46 所示。

图 2-46 放入内存

步骤 3 稍微用力，双手垂直地将内存条插到内存插槽并压紧，听到"咔"的一声，内存插槽两头的保险栓将自动卡住内存条两侧的缺口，如图 2-47 所示。

图 2-47 轻压内存

任务小结

本任务以 PC 主板为主线，先后介绍了其各种接口，如 CPU 接口、内存接口、显卡接口等，有了这些知识的准备，相信大家对 PC 各种板卡以及外设的连接将不再陌生。

Windows 操作系统介绍

情景描述

　　商雅娟是办公室的秘书，她最近买了一台笔记本电脑，因为系统不稳定，笔记本电脑总出现蓝屏、自动重启的现象。商雅娟想重新安装操作系统，但她不知道哪个版本的操作系统更适合自己的笔记本电脑。因此在本任务中介绍 Windows 系列操作系统及其主要特点和应用。

任务学习引导

要点 1　Windows XP 介绍

　　Windows XP 是 Windows 操作系统的较高级模式，它支持 NTFS 格式的文件系统，内置硬件驱动程序，支持"即插即用"功能，是目前应用较为广泛的操作系统之一。

　　Windows XP 的中文全称为视窗操作系统体验版，它是微软公司发布的一款视窗操作系统，发行于 2001 年 10 月。最初发行了两个版本，家庭版 (Home) 和专业版 (Professional)。家庭版的消费对象是家庭用户，专业版则在家庭版的基础上添加了新的面向商业的网络认证、双处理器等特性。字母 XP 由英文单词 Experience（体验）而来。

要点 2　Windows 7 介绍

核心版本号：Windows NT 6.1
开发代号：Blackcomb 及 Windows Vienna
发布时间：2009 年 10 月

1. Windows 7 的由来

　　2009 年 7 月，Windows 7 历时 3 年的开发正式完成。Windows 7 登录界面如图 3-1 所示。

图 3-1　Windows 7 登录界面

2. Windows 7 的版本

　　（1）Windows 7 Home Basic（家庭基础版）
　　Windows 7 家庭基础版仅用于新兴市场国家（不包括美国、西欧、日本和其他发达国家），主要新特性有实时缩略图预览、增强视觉体验、高级网络支持（ad-hoc无线网络和互联网连接支持 ICS），以及移动中心（Mobility Center）等。

（2）Windows 7 Home Premium（家庭高级版）

Windows 7 家庭高级版有 Aero Glass 高级界面、高级窗口导航、改进的媒体格式支持、媒体中心和媒体流增强（包括 Play To）、多点触摸、更好的手写识别等特性。它增加了航空特效功能、多触控功能、多媒体功能、组建家庭网络组等功能。

（3）Windows 7 Professional（专业版）

Windows 7 专业版支持加入管理网络（Domain Join）、高级网络备份和加密文件系统等数据保护功能，位置感知打印技术（可在家庭或办公网络上自动选择合适的打印机）等。该版本加强了网络的功能，比如域加入、高级备份功能、脱机文件夹、移动中心、演示模式等。

（4）Windows 7 Enterprise（企业版）

Windows 7 企业版提供一系列企业级增强功能，如 Bit Locker，内置和外置驱动器数据保护；App Locker，锁定非授权软件运行；Direct Access，无缝连接基于 Windows Server 2008 R2 的企业网络；Branch Cache，Windows Server 2008 R2 网络缓存等。Windows 7 企业版仅限于批量许可。

（5）Windows 7 Ultimate（旗舰版）

Windows 7 旗舰版拥有新操作系统所有的消费级和企业级功能，消耗的硬件资源也是 Windows 7 所有版本中最大的。它包含所有功能，但可用范围也有限制。

要点 3 Windows 8 介绍

Windows 8 于北京时间 2012 年 10 月 25 日推出，为人们提供了高效易行的工作环境，支持来自 Intel、AMD 和 ARM 的芯片架构，即支持个人电脑（x86 构架）及平板电脑（x86 构架或 ARM 构架）。

Windows 8 大幅改变以往的操作逻辑，提供更佳的屏幕触控支持。新系统画面与操作方式变化极大，采用全新的 Metro（新 Windows UI）风格用户界面，各种应用程序、快捷方式等能以动态方块的样式呈现在屏幕上，用户可自行将常用的浏览器、社交网络、游戏、操作界面融入。Windows 8 全新的 Metro 风格用户界面如图 3-2 所示。

图 3-2　Metro 风格用户界面

（1）Windows 8 核心版

一般称为 Windows 8，面向普通家庭用户，适用于台式机和笔记本电脑。它包括全新的 Windows 商店、文件资源管理器（原 Windows 资源管理器）、任务管理器等，还包含以前仅在企业版/旗舰版中才提供的功能服务。针对中国等新兴市场，微软公司将提供本地语言版的 Windows 8。例如，在中国大陆将发行 Windows 8 中文版。

（2）Windows 8 专业版

一般称为 Windows 8 Pro，面向技术爱好者和企业技术人员，内置一系列 Windows 8 增强的技术，包括加密、虚拟化、PC 管理和域名连接等。

（3）Windows 8 企业版

该版本包括 Windows 8 专业版的所有功能，另外为了满足企业的需求，还增加了 PC 管理和部署、先进的安全性、虚拟化等功能。

（4）Windows RT

Windows RT 是专为 ARM 架构设计的，无法单独购买，只能预装在采用 ARM 架构处理器的 PC 和平板电脑中。Windows RT 不兼容 x86 软件，但带有专为触摸屏设计的微软 Word、Excel、PowerPoint 和 OneNote 等软件。

要点 4　Windows Server 2003 介绍

Windows Server 2003 是目前使用较广泛的服务器操作系统，其开机画面如图 3-3 所示。

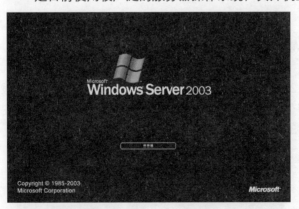

图 3-3　Windows Server 2003 的开机画面

Windows Server 2003 是微软公司在 2003～2004 年间发布的新一代网络和服务器操作系统。该操作系统延续了微软公司的经典视窗界面，作为网络和服务器操作系统，高性能、高可靠性和高安全性是其必备要素，尤其是日趋复杂的企业应用和 Internet 应用，对其提出了更高的要求。

Windows Server 2003 有多种版本以适应不同的商业需求。

1. Windows Server 2003 Web 版

英文名称：Windows Server 2003 Web Edition

Windows Server 2003 Web 版用于构建和存放 Web 应用程序、网页和 XML Web 服务。它主要使用 IIS 6.0 Web 服务器提供快速开发和部署使用 ASP.NET 技术的 XML Web 服务和应用程序。它支持双处理器，最低支持 256MB 的内存，最高支持 2GB 的内存。

2．Windows Server 2003 标准版

英文名称：Windows Server 2003 Standard Edition

Windows Server 2003 标准版的销售目标是中小型企业，它支持文件和打印机共享，提供安全的 Internet 连接，允许集中应用程序部署。它支持 4 个处理器，最低支持 256MB 的内存，最高支持 4GB 的内存。

3．Windows Server 2003 企业版

英文名称：Windows Server 2003 Enterprise Edition

Windows Server 2003 企业版与 Windows Server 2003 标准版的主要区别在于：Windows Server 2003 企业版支持高性能服务器，并且可以群集服务器，以便处理更大的负荷。通过这些功能实现可靠性，有助于确保系统即使在出现问题时仍可用。它在一个系统或分区中最多支持 8 个处理器，支持 8 节点群集，最高支持 32GB 的内存。

4．Windows Server 2003 数据中心版

英文名称：Windows 2003 Datacenter Edition

Windows Server 2003 数据中心版针对要求最高级别的可伸缩性、可用性和可靠性的大型企业或国家机构等，是 Windows Server 2003 系统各版本中最强大的服务器操作系统。

要点 5　Windows Server 2008 介绍

Windows Server 2008 是专为强化下一代网络、应用程序和 Web 服务的功能而设计的，可在企业中开发、提供和管理丰富的用户体验及应用程序，提供高度安全的网络基础架构。Windows Server 2008 登录界面如图 3-4 所示。

图 3-4　Windows Server 2008 登录界面

无论是底层架构还是表面功能，Windows Server 2008 都有飞跃性的进步，对服务器的管理能力、硬件组织的高效性、命令行远程硬件管理的方便、系统安全模型的增强都吸引着 Windows 2000 和 Windows Server 2003 用户，它改变了企业使用 Windows 的方式以及网络的物理和逻辑架构。新的 Web 工具、虚拟化技术、安全性的强化以及管理公用程序，不仅可节省时间、降低成本，并可为 IT 基础架构提供稳固的基础。

要点 6　Windows Server 2012 介绍

微软公司于北京时间 2012 年 4 月 18 日发布了新一代的服务器操作系统 Windows Server 2012，这是一套基于 Windows 8 开发出来的服务器版系统，同样引入了 Metro 界面，增强了存储、网络、虚拟化、云等技术的易用性，让管理员更容易控制服务器。Windows Server 2012 登录界面如图 3-5 所示。

图 3-5　Windows Server 2012 登录界面

Windows Server 2012 有 4 个版本，分别是 Foundation、Essentials、Standard 和 Datacenter，Datacenter 与 Standard 版提供相同功能，都能在预处理器加客户端访问许可 CAL 基础上运行。Datacenter 版允许在两个处理器上运行无限虚拟机。Standard 版包括 Windows Server 2012 中的所有功能，不过在每台物理服务器上每个许可只允许运行两台虚拟机。Essentials 和 Foundation 版分别将用户限制为 25 个和 15 个，功能也受限。Foundation 版只供 OEM 厂商使用。

操作与实训

本实训可以使读者了解 Windows XP 和 Windows 7 的应用，从而对操作系统有更深的理解。

Windows XP 的典型应用——安装与开关机篇

1. 实现 Windows XP 的自动登录

在登录 Windows XP 操作系统时，一般都需要用户输入用户名和密码才能正常登录系统。实现 Windows XP 自动登录系统的操作步骤如下。

选择【开始】|【运行】命令，在【运行】对话框中输入"rundll32 netplwiz.dll,UsersRunDll"（注意大小写及空格），单击【确定】按钮，进入【用户账户】对话框。注意，这与在控制面板中打开的【用户账户】对话框不同。取消勾选【要使用本机，用户必须输入用户名和密码】复选框，单击【应用】按钮，在弹出的对话框中输入自动登录的用户名和密码，单击【确定】按钮，返回【用户账户】对话框，单击【确定】按钮结束操作。

2. 实现 Windows XP 的自动关机

Windows XP 定时关机的功能是由 shutdown.exe 程序控制的，该程序位于 WINDOWS\system32 文件夹中。例如，要设置为在 12：00 自动关机，可按如下步骤操作。

选择【开始】|【运行】命令，打开【运行】对话框，输入"at 12：00 shutdown –s"，单击【确定】按钮，这样到了 12：00，系统会自动出现【系统关机】操作窗口，默认有 30s 的倒计时提示保存工作。

利用 shutdown.exe 还可以完成以下任务，如图 3-6 所示。

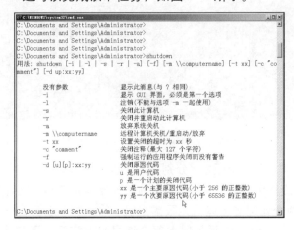

图 3-6　shutdown 任务参数

其中，每个参数都具有特定的用途，具体说明如下。

–s：表示关闭本地计算机。

–a：表示取消关机操作。

–i：显示图形用户界面，但必须是 shutdown 的第一个选项。

–t 时间：设置关机倒计时。

–c "消息内容"：输入关机对话框中的消息内容（不能超过 127 个字符）。

−l：注销当前用户。

−r：关机并重启。

−f：强行关闭应用程序。

−m \\计算机名：控制远程计算机的关机、重启。

选择【开始】|【运行】命令，输入"shutdown −i"，单击【确定】按钮，可进入【远程关机对话框】，如图 3−7 所示。

选择【开始】|【运行】命令，打开【运行】对话框，输入"shutdown −s −t 300"，单击【确定】按钮，将出现【系统关机】窗口，开始倒计时，300 代表 5min，单位为 s。

选择【开始】|【运行】命令，打开【运行】对话框，输入"shutdown −a"，单击【确定】按钮，将取消自动关机。

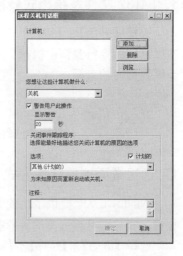

图 3−7　【远程关机对话框】

3．删除 Windows XP 隐藏的组件

在 Windows XP 系统中，系统组件是隐藏的，删除这些组件的步骤如下。

步骤 1 在【我的电脑】窗口中选择【工具】|【文件夹选项】菜单命令，打开【文件夹选项】对话框。在【查看】选项卡中取消勾选【隐藏受保护的操作系统文件（推荐）】复选框，在弹出的对话框中单击【是】按钮；并在【隐藏文件和文件夹】选项中选中【显示所有文件和文件夹】单选按钮后，单击【确定】按钮。

步骤 2 在【我的电脑】中进入系统所在盘，打开 WINDOWS\inf 文件夹，找到 sysoc.inf 文件并双击打开该文件。然后在打开的窗口中选择【编辑】|【替换】菜单命令，打开【替换】对话框，在【查找内容】文本框中输入"hide，"，【替换为】文本框中的内容设为空，单击【全部替换】按钮，关闭【替换】对话框。此操作删除了该文件中所有的"hide，"字符串。最后，保存并关闭文件。

步骤 3 选择【开始】|【控制面板】命令，打开【控制面板】窗口，双击【添加或删除程序】图标，打开【添加或删除程序】窗口，单击【添加/删除 Windows 组件】，在弹出的【Windows 组件向导】对话框中删除不需要的组件。

4．关闭自动播放功能

在 Windows XP 操作系统中将多媒体光盘插入光驱后，系统就会自动读取光盘数据，使程序的设置文件和音频、视频立即开始播放。要关闭这个功能，可按如下步骤操作。

选择【开始】|【运行】命令，打开【运行】对话框，输入 gpedit.msc，单击【确定】按钮，在弹出的【组策略】窗口中依次单击【计算机配置】|【管理模板】|【系统】，在右边的操作窗格中双击【关闭自动播放】，弹出【关闭自动播放属性】对话框，在【设置】选项卡中选中【已启用】单选按钮，最后单击【确定】按钮。

5．FAT32 文件系统格式转换为 NTFS 文件系统格式

选择【开始】|【运行】命令，打开【运行】对话框，输入 cmd，单击【确定】按钮，在弹出的命令行窗口中执行"convert c:/fs:ntfs"，可以把 C 盘转换为 NTFS 格式。注意，"c"为需要转换的盘符。

实训 ② Windows XP 的典型应用——网络应用技巧篇

1．远程桌面连接快捷方式

Windows XP 提供了功能强大的远程桌面连接功能，在家中计算机的桌面上添加一个快捷方式，即可与远方的计算机建立连接。具体操作步骤如下。

选择【开始】|【程序】|【附件】|【远程桌面连接】菜单命令，在弹出的【远程桌面连接】窗口中单击【选项】按钮，再配置针对远程计算机的连接设置，单击【另存为】按钮，再在【另存为】对话框的【文件名】文本框中输入名称，如 YCLJ，单击【保存】按钮。然后打开保存连接设置的文件夹，右击名为 YCLJ 的文件，在弹出的快捷菜单中选择【创建快捷方式】，并把快捷方式剪切到桌面上。当需要与远程计算机建立连接时，双击此快捷方式即可。

2．启动 Internet 连接防火墙

Windows XP 新增了免费的 Internet 连接防火墙，可进行动态数据包筛选，禁止来自远程的非法连接，保证上网安全。启动 Internet 连接防火墙的具体操作步骤如下。

右击桌面上的【网上邻居】图标，选择【属性】命令，在弹出的【网络连接】窗口中右击【本地连接】图标，选择【属性】命令，打开【本地连接属性】对话框，选择【高级】选项卡，在【Windows 防火墙】选项组中单击【设置】按钮，打开【Windows 防火墙】对话框，在【常规】选项卡中选择【启用】或【关闭】单选按钮，单击【确定】按钮退出。

3．与 Internet 时间同步

Windows XP 集成了与 Internet 时间同步的功能。上网时，将本地计算机的时钟与网络服务器的时钟相比较，如果不一致，将自动调整本地计算机的时间。具体操作步骤如下。

双击任务栏右下角的时钟，在弹出的【时间和日期属性】对话框中选择【Internet 时间】选项卡，勾选【自动与 Internet 时间服务器同步】复选框，依次单击【应用】和【确定】按钮。

实训 ③ Windows XP 的典型应用——系统设置技巧篇

1．关闭系统还原功能

Windows XP 的系统还原功能默认是开启的，要关闭系统还原功能，可按如下步骤操作。

右击【我的电脑】图标，选择【属性】命令，在打开的【系统属性】对话框中选择【系统还原】选项卡，勾选【在所有驱动器上关闭系统还原】复选框，单击【确定】按钮。

2．关机时清空页面文件

在【控制面板】窗口中双击【管理工具】图标，在打开的【管理工具】窗口中双击【本地安全策略】图标，在打开的【本地安全设置】窗口中依次展开【本地策略】|【安全选项】，双击右边窗格的【关机：清理虚拟内存页面文件】，在弹出的对话框中选择【已启用】单选按钮后，单击【应用】和【确定】按钮。

实训 4

Windows XP 的典型应用——快捷键使用技巧篇

快速关机或重启

按 Ctrl+Alt+Delete 组合键，打开【Windows 任务管理器】窗口，按住 Ctrl 键的同时，选择【关机】菜单中的【关闭】或【重新启动】命令，可实现快速关机或重启。

实训 5

Windows 7 的典型应用——个性化设置篇

1．自定义【开始】菜单

在 Windows 7 中，通过自定义【开始】菜单可以更方便地启动程序。

步骤 1 右击【开始】按钮，在弹出的快捷菜单中选择【属性】命令，打开【任务栏和「开始」菜单属性】对话框，在其【「开始」菜单】选项卡中单击【自定义】按钮，如图 3-8 所示。

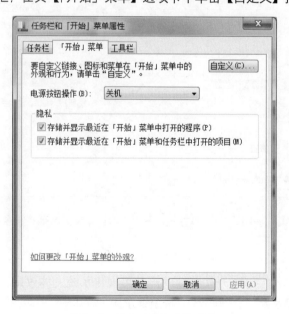

图 3-8　单击【自定义】按钮

步骤 2 在打开的【自定义「开始」菜单】对话框中，用户可以按自己的习惯设置【开始】菜单，如图 3-9 所示。

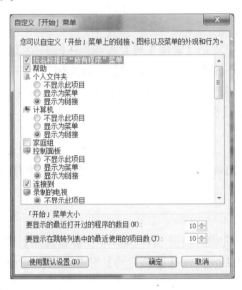

图 3-9 设置【开始】菜单

注 意

在图 3-9 中，通过【要显示的最近打开过的程序的数目】和【要显示在跳转列表中的最近使用的项目数】选项可以清除显示在【开始】菜单中的程序链接及最近通过该程序打开过的文件，消除个人使用痕迹，如图 3-10 所示。

图 3-10 【开始】菜单中的程序链接及跳转列表

2. 开启 Aero 特效

Aero 是从 Windows Vista 开始集成的一种可视化系统主体效果，体现在任务栏、标题栏等位置的透明玻璃效果。Windows 7 系统继承了 Windows Vista 的 Aero 特效，设置方法如下。

右击桌面空白处，在弹出的快捷菜单中选择【个性化】命令，将打开【个性化】窗口，在其中选择一个 Aero 主题，即可启用 Aero 特效，如图 3-11 所示。

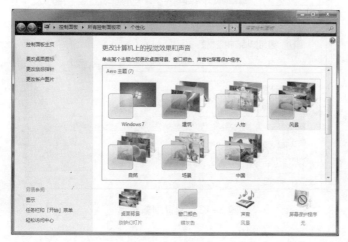

图 3-11　启用 Aero

3. 设置屏幕分辨率和刷新频率

屏幕分辨率影响屏幕中图标、文字的大小。刷新频率指每秒内屏幕画面被刷新的次数。刷新频率越高，屏幕上图像的闪烁感就越小，稳定性也就越高。也就是说，刷新频率越高，对视力的保护越好。一般地，对于 CRT 显示器，其刷新频率不应低于 75Hz；对于液晶显示器，其刷新频率不应低于 60Hz。

Windows 7 中设置显示器刷新频率的方法如下。

步骤 1　在桌面空白处右击，在弹出的快捷菜单中选择【屏幕分辨率】命令，打开【屏幕分辨率】窗口，设置【分辨率】选项，如图 3-12 所示。

图 3-12　设置【分辨率】选项

步骤 2　单击【高级设置】选项，在打开对话框的【监视器】选项卡中，设置其【屏幕刷新频率】选项，如图 3-13 所示。

图 3-13　设置刷新频率

Windows 7 的典型应用——系统设置篇

1. 日期时间设置

如果电脑中的时间不正确，可重新进行设置，方法如下。

步骤 1 右击任务栏中的时间图标，在弹出的快捷菜单中选择【调整日期/时间】命令，打开【日期和时间】对话框，如图 3-14 所示。

图 3-14　【日期和时间】对话框

步骤 2 单击【更改日期和时间】按钮，可以设置日期和时间；单击【更改时区】按钮，可以更改时区。另外，在【日期和时间】对话框的【附加时钟】选项卡中，可以设置同时显示多个时区的时间，以便与国外的朋友联系，如图 3-15 所示。

图 3-15 设置附加时钟

2. 用户账户设置

创建多个用户账户及赋予不同的权限，可方便多人共用同一台电脑，而且能提高电脑的安全性。设置用户账户的方法如下。

步骤 1 在【开始】菜单中选择【控制面板】命令，打开【控制面板】窗口，单击【添加或删除用户账户】选项，如图 3-16 所示。

图 3-16 单击【添加或删除用户账户】

步骤 2 打开【管理账户】窗口，单击【创建一个新账户】，打开【创建新账户】窗口，即可按需要新建一个账户，如图 3-17 所示。

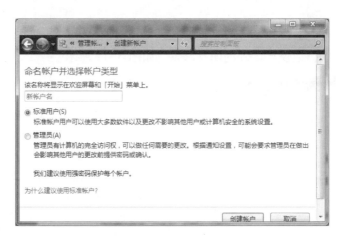

图 3-17　新建账户

实训 7 Windows 7 的典型应用——系统维护篇

1. 使用任务管理器

在 Windows 7 中，利用任务管理器可查看电脑资源的使用情况，如 CPU 使用率、内存使用情况等（见图 3-18），以及关闭停止响应的程序。打开任务管理器的方法为，右击【任务栏】，选择【启动任务管理器】命令。

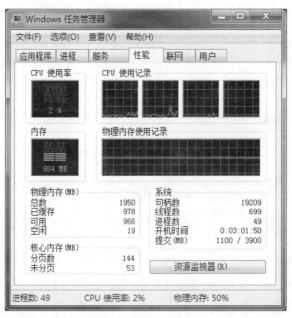

图 3-18　任务管理器

2．系统优化

利用 Windows 优化大师，不仅可以查看系统的硬件信息，还可对系统进行垃圾清理、优化及维护，且其操作非常简单，如图 3-19 和图 3-20 所示。

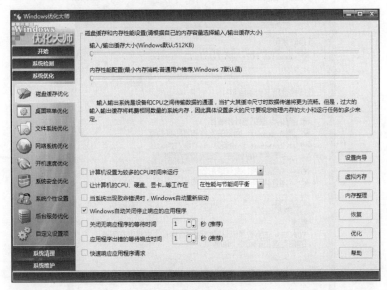

图 3-19　系统优化

图 3-20　系统清理

实训 8

Windows 7 的典型应用——网络应用技巧篇

1．网络配置

在 Windows 7 中设置 IP 协议的方法如下。

步骤 1 在【网络和共享中心】窗口的左侧单击【更改适配器设置】选项，打开【网络连接】窗口，再右击【本地连接】图标，打开【本地连接属性】对话框，如图 3-21 所示。

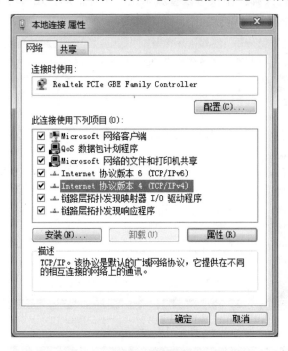

图 3-21 【本地连接属性】对话框

步骤 2 在中间的列表框中选择【Internet 协议版本 4（TCP/IPv4）】，再单击【属性】按钮，打开【Internet 协议版本 4（TCP/IPv4）属性】对话框，如图 3-22 所示。在其中可根据网络的实际情况设置 IP 地址等信息。

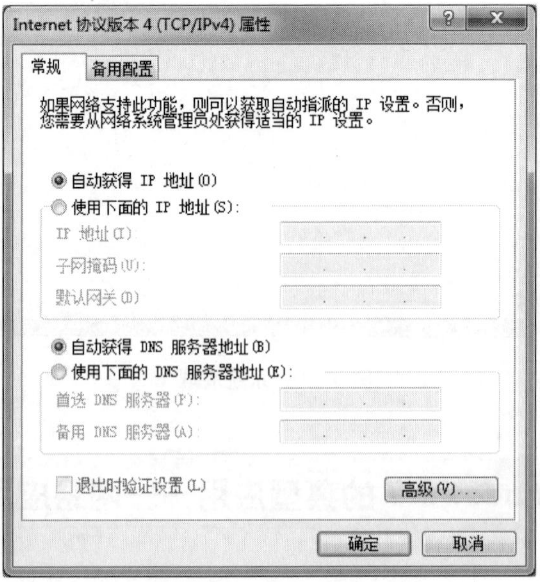

图 3-22 设置 IP 地址等

2. 创建拨号宽带连接

在 Windows 7 中设置拨号宽带连接比 Windows XP 中要方便得多,方法如下。

步骤 1 在【网络和共享中心】窗口中单击【设置新的连接或网络】,打开【设置连接或网络】对话框,如图 3-23 所示。

图 3-23 【设置连接或网络】对话框

步骤 2 选择【连接到 Internet】,单击【下一步】按钮,打开【您想如何连接】对话框,如图 3-24 所示。这里单击【宽带(PPPoE)】选项。

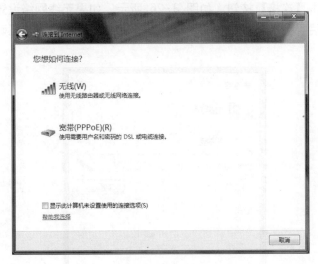

图 3-24 单击【宽带(PPPoE)】

注 意

PPPoE(Point to Point Protocol over Ethernet)是以太网上的 PPP 协议,在包括小区组网建设等一系列应用中被广泛采用。目前家庭宽带接入互联网一般都使用 PPPoE 协议进行登录验证。

步骤 3 接着会打开如图 3-25 所示的对话框，在其中输入 ISP 提供的用户名与密码，然后单击【连接】按钮，即完成了创建工作。

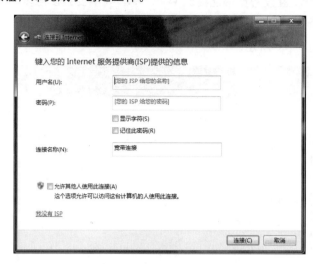

图 3-25　输入用户名和密码

3. 连接无线网络

现今，笔记本电脑和无线网络越来越普及，而且笔记本电脑大多都具有无线网络功能，因此，连接无线网络也成为了一个常见的操作。连接无线网络的方法如下。

打开无线网卡，单击任务栏右侧的【网络连接】图标，系统将搜索无线网络，选择要连接的网络，单击【连接】按钮，如图 3-26 所示。如果无线网络设置了安全密钥，则单击【连接】按钮后，会提示输入安全密钥。在弹出的对话框中输入正确的密钥即可连接到选中的无线网络。

图 3-26　连接无线网络

任务小结

　　本任务对主流操作系统 Windows XP、Windows 7、Windows Server 2003、Windows Server 2008 作了简要的介绍，并介绍了 Windows XP 和 Windows 7 操作系统的几个典型应用，希望读者能够选择适合自己的 Windows 操作系统平台。

选购配件

情景描述

　　高斌是某物业公司职员，因公司业务拓展，需要新组建一个办公室，经理分配高斌负责办公室相关计算机和办公设备的选购工作。高斌对计算机硬件的知识了解甚少，接到工作安排后感觉无从着手。在本任务中给高斌提出了一系列硬件的选购注意事项，相信他能够制定出一个合理的选购方案。

选购 CPU

在选购 CPU 时，需要从以下几方面考虑。

1. 多核处理器

多核处理器是指在一枚处理器中集成两个或多个完整的计算引擎（内核）。多核技术的开发是为了解决单一提高单核芯片的速度会产生过多热量且无法带来相应的性能提升的问题。多核处理器在多任务环境下的表现比单核处理器要好得多。Intel 多核处理器商标如图 4-1 所示。

图 4-1　Intel 多核处理器商标

2. 主频

通常所说的 CPU 是多少兆赫的，就是指 CPU 的主频。主频也叫时钟频率，单位是 Hz，用来表示 CPU 的运算速度。CPU 的主频是外频与倍频的乘积。

3. 外频

外频是 CPU 与主板上其他设备进行数据传输的物理工作频率，也就是系统总线的工作频率。它代表 CPU 与主板和内存等配件之间的数据传输速度，单位是 Hz。CPU 的标准外频主要有 66MHz、100MHz、133MHz、166MHz、200MHz 等几种。

4. 倍频

倍频是指 CPU 主频与外频之间的相对比例关系。在相同的外频下，倍频越高，CPU 的频率也越高。倍频一般是不能改的，因为现在的 CPU 一般都对倍频进行了锁定。

5．前端总线频率

前端总线（Front Side Bus，FSB）频率，简称总线频率，它直接影响 CPU 与内存之间数据的交换速度。数据传输最大带宽取决于所有同时传输的数据的宽度和传输频率，即数据带宽＝（总线频率×数据带宽）/8。外频与前端总线频率的区别为：前端总线的速度指的是数据传输的速度，外频是 CPU 与主板之间同步运行的速度。

6．缓存

缓存是指可以进行高速数据交换的存储器，分为一级缓存、二级缓存和三级缓存。 L1 Cache（一级缓存）是 CPU 的第一层高速缓存。内置的 L1 高速缓存的容量和结构对 CPU 的性能影响较大。高速缓冲存储器均由静态 RAM 组成，结构较复杂，在 CPU 管芯面积不能太大的情况下，L1 高速缓存的容量不可能做得太大。一般 L1 高速缓存的容量通常为 32～256 KB。L2 Cache（二级缓存）是 CPU 的第二层高速缓存，分为内部和外部两种芯片，而外部的二级缓存只有主频的一半。L2 高速缓存的容量也会影响 CPU 的性能，其原则是越大越好。L3 Cache（三级缓存）是 CPU 的第三层高速缓存，容量通常为 3～8 MB。

7．制作工艺

制作工艺是指在硅材料上生产 CPU 时内部各元器件的连接线宽度，一般用纳米表示。纳米值越小，制作工艺越先进，CPU 可以达到的频率越高，集成的晶体管就可以更多。

8．CPU 内核电压和 I/O 工作电压

从 586 CPU 开始，CPU 的工作电压分为内核电压和 I/O 工作电压两种。其中，内核电压的大小由 CPU 的生产工艺而定，制作工艺越先进，内核电压越低。低电压能解决耗电过大和发热过高的问题。

目前，CPU 的选择范围越来越广，高端的有 Core i7 三代，中端的有 AMD 羿龙 II X6、Core i5 三代，低端的有 Core i3 三代、速龙 II X4 等。

要点 2　选购主板

图 4-2 所示为主板。在选购主板时，需要从以下几方面考虑。

1．芯片组

芯片组（Chipset）是主板的核心组成部分，它是 CPU 和其他周边设备运作的桥梁，几乎决定着主板的全部功能。其中，CPU 的类型，主板的系统总线频率，内存的类型、容量和性能，显卡插槽规格是由芯片组中的北桥芯片决定的；扩展接口的类型有 USB、IEEE 1394、串口、并口、笔记本电脑的 VGA 输出接口等。

2．主板板型

主板有大板和小板之分，不同板型的主板在生产成本、扩展性能上有所不同，最终将

影响主板的售价及扩展性能。

图 4-2 主板

3. 内存插槽

内存也是影响一个平台性能的重要硬件，每一代的内存所采用的技术规格都不相同，接口也不相同，这就意味着主板上的内存插槽限制了这个平台所能够使用的内存规格，从而影响着平台的性能。不仅如此，不同的内存会有不同的购买成本，将来升级内存容量时，不同内存的购买价格也有所不同；内存插槽的数量也限制着可以插上的内存条数量。

4. I/O 接口

I/O 接口部分很多时候也反映了一款主板的定位以及所能提供的功能。虽然对大多数用户来说，I/O 接口提供的双网卡、IEEE 1394 接口等未必能够用上，不过对于有需要的用户来说，这一点就显得较为重要。同时，USB 接口的数量有时也会影响使用的感受。

在选购主板之前，应该确定实际的需求，对于办公使用的电脑，可以选择集成显示芯片的产品。华硕、微星、技嘉等品牌的主板，无论是在质量上还是在服务上都可以满足办公需求。

要点 选购内存

图 4-3 所示为内存。在选购内存时，需要从以下几方面考虑。

1. 内存主频

内存主频和 CPU 主频一样，习惯被用来表示内存的速度，它代表该内存所能达到的最高工作频率。内存主频是以 MHz（兆赫）为单位来计量的。内存主频越高，在一定程度上代表着内存所能达到的速度越快。内存主频决定着该内存最高能在什么样的频率下正常工作。

2. DDR2

DDR2/DDR II（Double Data Rate 2）SDRAM 是由 JEDEC（电子设备工程联合委员会）开

发的新生代内存技术标准，与上一代 DDR 内存技术标准最大的不同就是，虽然都采用了在时钟的上升沿/下降沿进行数据传输的基本方式，但 DDR2 内存却拥有两倍于上一代 DDR 的内存预读取能力（即 4bit 数据预读取）。换句话说，DDR2 内存能够以 4 倍于外部总线的速度读/写数据，并且能够以内部控制总线 4 倍的速度运行。

3．DDR3

DDR3 内存相对于 DDR2 内存只是规格上的提高，并没有真正全面换代的新架构。DDR3 内存与 DDR2 内存的接触针脚数目相同。DDR3 频率在 800MHz 以上，DDR2 频率在 800MHz 以下。

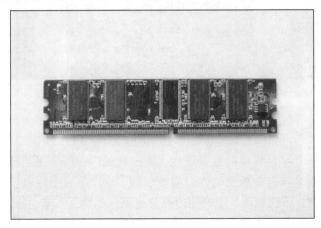

图 4-3　内存

4．品牌

和其他产品一样，内存芯片也有品牌的区别，不同品牌的芯片的质量自然也不同，常见的内存品牌有金士顿、威刚等。

5．PCB

内存条由内存芯片和 PCB（Printed Circuit Board，印刷电路板）组成。PCB 对内存性能也有着很大的影响。决定 PCB 好坏的几个因素如下：首先是板材，如果内存条使用四层板，这样的内存条在工作过程中由于信号干扰所产生的杂波很大，有时会产生不稳定的现象，而使用六层板设计的内存条，相应的干扰就小得多。

6．外观

从内存的外观也能判断出其优劣，比如，好的内存条表面有比较强的金属光洁度；色泽也比较均匀；部件焊接也比较整齐划一，没有错位；金手指部分也比较光亮，没有发白或发黑的现象。

要点 4　选购硬盘

在选购硬盘时，需要从以下两方面考虑。

1. SATA 接口

SATA 是 Serial ATA 的缩写，即串行 ATA。与传统的 IDE 接口硬盘不同，SATA 硬盘使用串行方式传输数据，具有抗干扰能力强、传输距离长、传输带宽提升潜力大等优点。第一代 SATA 拥有 150Mb/s 的数据传输带宽。SATA 2/3 分别支持 3Gb/s 和 6Gb/s 的传输速率。SATA 接口硬盘如图 4-4 所示。

图 4-4　SATA 接口硬盘

2. 缓存

受机械部件等因素的影响，硬盘的内部数据传输速度和外部传输速度有着明显差异。为此，在硬盘中引入了缓存，以起缓冲作用，这类似于 CPU 引入一级缓存、二级缓存的设计。硬盘缓存的功能主要体现在以下 3 方面。

① 预读取：先把硬盘上的数据读取到缓存上，等数据累积到一定程度时再传送给内存，这样不但可以提高数据读取的效率，而且可以减少硬盘操作次数，延长硬盘使用寿命。

② 写入缓存：对写入硬盘的数据进行缓存，与预读取一样，也能提高硬盘工作效率及延长硬盘寿命。

③ 临时存储最近访问过的数据：通过硬盘缓存，在重复打开刚刚访问的数据时，速度就会明显加快。

显然，缓存容量越大，硬盘在预读取、写入缓存、临时存储方面的效率就会越高。

要点 5　选购显卡

在选购显卡时，需要从以下几方面考虑。

1. 显示核心 GPU

GPU（Graphic Processing Unit）即图形处理单元，负责绝大部分的计算工作，其好坏决定着显卡性能的强弱。在整个显卡中，GPU 负责处理由 CPU 发来的数据，最终将产生的结果显示在显示器上。GPU 在工作时会产生大量的热量，所以它的上方通常安装有散热器或风扇。

目前主流的显示芯片主要包括：NVIDIA 公司的 GeForce 600 系列（包括 GTX 690、GTX 680、GTX 670、GTX 660Ti、GTX 660、GTX 650Ti、GTX 650 等）、GeForce 500 系列（包括 GTX 590、GTX 580、GTX 570、GTX 560Ti、GTX 550Ti 等），以及 AMD 公司的 HD 7000 系列（包括 HD 7970、HD 7950、HD 7850、HD 7870、HD 7750、HD 7770 等）、HD 6000 系列（包括 HD 6990、HD 6970、HD 6950、HD 6930、HD 6870、HD 6850、HD 6790 等）。

2．显存

显存是用来存储 GPU 处理的图像数据的，与主板上的内存功能基本一样，显存的速度及带宽直接影响着一块显卡的速度。即使显卡 GPU 的性能很强劲，但是如果板载显存达不到要求，无法将处理过的数据及时传送，那么也无法得到满意的显示效果。对于显卡的显存，主要看显存容量、显存类型、工作频率和显存位宽等。

3．显卡的做工

市面上各种品牌的显卡很多，质量也良莠不齐。名牌显卡做工精良，用料扎实；而劣质显卡做工粗糙，用料伪劣，在实际使用中也容易出现各种各样的问题。因此在选购显卡时，需要看清显卡所使用的 PCB 板层数（最好在 4 层以上）以及显卡所采用的元器件等。

要点 6　选购显示器

在选购显示器时，需要从以下几方面考虑。

1．显示器类型

目前市场上常见的是 LCD 液晶显示器，传统的 CRT 纯平显示器很少能见到了。随着 LCD 显示器的一再降价，因其小巧的体积立刻成为市场的新宠。还有一种显示器正逐步步入计算机市场，那就是 LED 显示器。

LED 显示器与 LCD 显示器相比，在亮度、功耗、可视角度和刷新速率等方面，都更具优势。LED 与 LCD 的功耗比大约为 1：10，而且更高的刷新速率使得 LED 在视频方面有更好的性能表现，能提供宽达 160° 的视角，可以显示各种文字、数字、彩色图像及动画信息，也可以播放电视、录像、VCD、DVD 等彩色视频信号，多幅显示屏还可以进行联网播出。有机 LED 显示屏的单个元素反应速度是 LCD 液晶屏的 1000 倍，在强光下也可以照看不误，并且适应-40℃的低温。

2．尺寸标示和可视范围

LCD 显示器与 CRT 显示器除显示方式不同以外，最大的区别就是尺寸的标示方法也不一样。例如，CRT 显示器在规格中标为 17in，但实际可视尺寸达不到 17in，大约只有 15in；

而 LCD 显示器，若标为 14.1in，那么可视尺寸就是 14.1in。综上所述，CRT 显示器的尺寸标示是以外壳的对角线长度作为标示的依据；而 LCD 显示器则以可视范围的对角线作为标示的依据。

3. 亮度、对比度

TFT LCD 显示器的可接受亮度为 150cd/m2 以上。市场中能够见到的 TFT 液晶显示器亮度都在 200cd/m2 左右。亮度过低，就会让人感觉屏幕比较暗。但是，如果屏幕过亮的话，人的双眼观看屏幕过久同样会有疲倦感产生。TFT LCD 显示器的亮度范围为 150～200cd/m2。通常，质量好的 LCD 显示器的标准亮度最少为 200cd/m2。

对比度指的是最亮的白色和最暗的黑色之间不同亮度层次的测量。当对比度达到 120：1 时，就可以很容易地显示生动、丰富的色彩。而对比度高达 300：1 时，则可支持各色阶的颜色。

4. 响应时间

所谓响应时间，就是 LCD 显示器对于输入信号的反应速度，也就是液晶由暗转亮或者由亮转暗的反应时间。响应时间越短越好。响应时间越短，用户在看移动的画面时就不会出现有残影或者类似于拖曳的现象。通常会将各种 LCD 显示器的反应速度分为两个部分 Rising 和 Falling，表示时则以两者之和为准。

5. 显示色彩

早期的彩色 LCD 显示器在颜色表现方面最多只能显示高彩（256K）。由于技术的进步，LCD 显示器最起码也能够显示高彩 16 位色。在解析度方面，以 14.1in TFT LCD 显示器为例，能够支持 1024×768 的解析度；17in 以上的 LCD 显示器可以达到 1280×1024 的解析度，色彩表现在全彩（32 位色）的模式。

6. 刷新频率

对于 CRT 显示器来说，刷新率关系到画面刷新的速度。刷新速度越快，画面给人感觉越不闪烁。如果刷新率在 75Hz 以上，画面就不易闪烁。对于 LCD 显示器来说，刷新率高低并不会使画面闪烁。刷新率在 60Hz 时，LCD 能获得很好的画面。在 LCD 显示器中，每个像素都持续发光，直到不发光的信号被送到控制器中，所以 LCD 显示器不会有因不断充放电而引起的闪烁现象。

在购买显示器时，要根据实际需求选择不同的产品。如果经常用于播放视频，可以选择尺寸稍大的显示器。在购买显示器时，需要注意显示器显示屏是否有亮点和坏点，如果发现亮点和坏点，需要及时联系经销商更换。

要点 7

选购键盘

在选购键盘时，应从以下几方面考虑。

1．操作手感

操作手感关系到日常的学习和工作效率，操作手感好的键盘可以在打字时不至于使手指过于疲劳。键盘按结构分为机械式和电容式两种，而这两种键盘的操作手感完全不同。一般说来，电容式的操作手感更好一些，它不像机械式键盘那样生硬。大体来说，一款好的键盘应该是弹性适中，按键无晃动，按键弹起速度快，灵敏度高。而那些静音键盘在按下与弹起时应该是接近无声的。

2．键盘做工

键盘做工的好坏直接影响到它的使用寿命与对手指所造成的伤害。一款做工好的键盘应该是用料讲究、研磨好、无毛刺、无异常凸起，以及键帽上的字母印刷清晰、耐磨程度好的。有些较好的键盘为了防止意外的进水，还设置了导水槽，可使键盘免受水的损害。

3．接口类型

键盘的接口类型主要有 PS/2 和 USB 两种。每款主板上都有支持 PS/2 的接口，此接口键盘的应用也比较普遍。USB 键盘的最大优点就是即插即用，使用比较方便。

要点 8　选购鼠标

随着鼠标产品的迅猛发展，机械鼠标已经慢慢淡出了市场，光电鼠标已经在市场普及。光电鼠标忽略舒适度和手感，所以在选择鼠标时应该注重舒适度和手感。那么如何选择呢？因为每个人的手形大小都不同，把鼠标放在一个平面上，手紧握着鼠标，手掌心能和鼠标充分接触，食指和中指分别在鼠标左右两键移动和操作，感觉比较舒适就行了。

操作与实训

实训　制定装机方案

本实训为读者提供一个参考模板，读者可尝试组装一台适合自己使用的计算机。

装机方案参考模板见表4-1。本实训还提供了两种参考装机方案，如表4-2和表4-3所示。其中，方案一适合普通办公使用，方案二适合设计制图使用。

表4-1　装机方案模板

配件	型号	价格/元
CPU		

（续表）

配件	型号	价格/元
主板		
内存		
硬盘		
显卡		
机箱		
电源		
显示器		
键盘鼠标		
音箱		
光驱		
合计		

表 4-2　参考装机方案一

配件	型号	价格/元
CPU	Intel 奔腾 G2120（盒）	410
主板	技嘉 GA—H61M—DS2(rev.3.0)	469
内存	威刚 4GB DDR3 1333（万紫千红）	175
硬盘	希捷 Barracuda 1TB 7200 转 64MB 单碟(ST1000DM003)	390
显卡	CPU 集成显卡	
机箱	超频三风云 330	159
电源	航嘉 冷静王钻石 2.31 版	210
显示器	AOC e950S	599
鼠标键盘	新贵 KM—201 键鼠套装	40
音响	无	
光驱	先锋 DVD—231D	99
合计		2551

表4-3　参考装机方案二

配件	型号	价格/元
CPU	Intel 酷睿 i5 4570（盒）	1320
主板	技嘉 G1.Sniper B5	899
内存	威刚 4GB DDR3 1600（万紫千红）	215
硬盘	希捷 Barracuda 2TB 7200 转 64MB SATA3 (ST2000DM001)	530
显卡	七彩虹 iGame650 烈焰战神 U D5 1024M	769
机箱	游戏悍将 刀锋 3 标准黑装	199
电源	酷冷至尊 GX2 代 400W (RS400-ACAAB1-CN)	329
显示器	三星 S24A650D	1649
键盘鼠标	精灵 雷神 G7 游戏键鼠套装	149
音箱	无	
光驱	先锋 DVR-220CHV	130
合计		6189

任务小结

　　在本任务中先后列出了计算机主要部件的选购技巧，如主板、显卡、显示器等，目的是希望读者能够很好地选购一台适合办公使用的计算机。

硬件组装实战

情景描述

　　李杰两周前到电脑城购买了一台组装的计算机，看见装机的工程师熟练地把各种计算机配件插入主板，接通电源，他非常急切地想知道工程师如何能够快速地组装计算机。于是他和工程师聊天，工程师看到有人向他请教问题，就非常热情地为李杰解答了他提出的各种问题，并又一次为李杰做了演示，告诉李杰装机用到的工具以及注意事项，李杰觉得自己的收获非常大。下面来看看李杰都有哪些收获。

任务学习引导

要点 1　装机前准备工作

1. 工具准备

常言道，"工欲善其事，必先利其器"，没有顺手的工具，装机也会变得麻烦起来，那么哪些工具是装机之前需要准备的呢？

（1）十字螺丝刀

十字螺丝刀又叫十字改锥或螺丝起子，是用于拆卸和安装螺钉的工具。由于计算机上的螺钉全部都是十字形的，所以你只要准备一把磁性的十字螺丝刀就可以了。为什么要准备磁性的螺丝刀呢？这是因为计算机器件安装后空隙较小，一旦螺钉掉落在其中想取出来就很麻烦了。另外，磁性螺丝刀还可以吸住螺钉，在安装时非常方便，因此计算机用螺丝刀多数都具有永磁性。图5-1所示是十字螺丝刀。

（2）平口螺丝刀

平口螺丝刀又称一字螺丝刀。如有需要，可准备一把平口螺丝刀，不仅方便安装，而且可以用来拆开产品包装盒、包装封条等。图5-2所示为平口螺丝刀。

图5-1　十字螺丝刀　　　　　　　　图5-2　平口螺丝刀

（3）镊子

你还应准备一把大号的医用镊子，它可以用来夹取螺钉、跳线帽及其他一些小元器件。

（4）钳子

钳子在安装计算机时用处不大，但对于一些质量较差的机箱，钳子也会派上用场，它可以用来拆断机箱后面的挡板。这些挡板按理用手来回折几次就会断裂脱落，但如果机箱钢板的材质太硬，那就需要使用钳子了。

（5）散热膏

在安装 CPU 时，散热膏（导热硅脂）必不可少，可购买一些优质散热膏（导热硅脂）备用。图 5-3 所示为导热硅脂。

图 5-3　导热硅脂

2．材料准备

（1）配件

先准备好装机所用的配件，如 CPU、主板、内存、显卡、硬盘、软驱、光驱、机箱、电源、键盘、鼠标、显示器、各种数据线和电源线等。

（2）电源排型插座

由于计算机系统中不止一个设备需要供电，因此一定要准备一个万用多孔型电源插座，以便测试机器时使用。

（3）器皿

计算机在安装和拆卸的过程中有许多螺钉及一些小零件需要随时取用，所以应该准备一个小器皿，用来盛装这些小零件，以防丢失。

（4）工作台

为了方便安装，你应该有一个高度适中的工作台，无论是专用的电脑桌还是普通的桌子，只要能够满足你的使用需求就可以了。

要点 2　装机过程中的注意事项

在装机过程中，须注意以下事项。

- 防止静电。由于穿着的衣物会相互摩擦，容易产生静电，而这些静电则可能将集成电路内部击穿，造成设备损坏。因此，在安装前，最好用手触摸一下接地的导电体或洗手，以释放掉身上携带的静电荷。
- 防止液体进入计算机内部。在安装计算机元器件时，要严禁液体进入计算机内部的板卡上。因为这些液体可能造成短路而使器件损坏，所以应注意不要将液体物质摆放在机器附近。对于爱出汗的朋友来说，要避免头上的汗水滴落，还应注意不要让手心的汗沾湿板卡。

- 使用正常的安装方法，不可粗暴安装。在安装的过程中一定要使用正确的安装方法，对于不懂的地方要仔细查阅说明书，不要强行安装，因为用力不当可能使引脚折断或变形。对于安装后位置不到位的设备，不要强行使用螺钉固定，这样容易使板卡变形，日后易发生断裂或接触不良的情况。

- 把所有零件从盒子里拿出来（不是从防静电袋子中拿出），按照安装顺序排好，查看说明书，看是否有特殊的安装说明。准备工作做得越好，接下来的工作就会越轻松。

- 以主板为中心，把所有东西排好。在将主板装进机箱前，先装上处理器与内存，否则可能会伤到主板。此外，在装 AGP 与 PCI 卡时，要确定其安装牢固。因为很多时候，在上螺丝时，卡会跟着翘起。如果撞到机箱，松脱的卡会造成运作不正常，甚至导致元器件损坏。

- 测试时，建议只装必要的周边设备，比如：主板、处理器、散热片与风扇、硬盘、光驱，以及显卡。其他的设备，如光驱、声卡、网卡等，在检测并确定没问题后再按顺序装好。

- 第一次安装完毕后，不要把机箱外侧的螺丝拧紧，如果某部件没装好，可随时打开机箱进行检查。

要点 3　机内连线

机内连线包括电源线、前面板连线和各个部件之间的连线，其中，在主板上可以看到一个长方形的插槽，这个插槽是电源为主板提供供电的插槽。目前，主板供电的接口主要有 24pin 与 20pin 两种：在中高端主板上，一般都采用 24pin 的主板供电接口设计，低端产品一般为 20pin。不论采用 24pin 还是 20pin，其插法都是一样的。图 5-4 所示为电源接口。

电源接口

图 5-4　电源接口

在机箱的前面板上有 USB 的扩展接口，在主板上有其相应的接口位置，USB 接口采用了防呆式的设计。只有以正确的方向才能插入 USB 接口，方向不正确是无法接入的。防呆式的设计大大提高了工作效率，同时也避免了因接法不正确而烧毁主板的现象。

如今的主板均提供集成的音频芯片，并且其性能完全能够满足绝大部分用户的需求，因此用户不需要再去单独购买声卡。为了方便用户的使用，目前大部分机箱除了具备前置的 USB 接口外，音频接口也被移到机箱的前面板上。为使机箱前面板上的耳机和话筒能够正常使用，需要将前置的音频线与主板正确连接。前置音频接口和 USB 接口的连线如图 5-5 所示。

前置音频接口和 USB 接口的连线

图 5-5   前置音频接口和 USB 接口的连线

还有非常重要的主板上机箱电源、重启按钮等的机内连线。其中，PWR SW 是电源接口，对应主板上的 PWR SW 接口；RESET 为重启按钮的接口，对应主板上的 RESET 插孔；上面的 SPEAKER 为机箱的前置报警喇叭接口，可以看到是 4pin 结构，其中，红线为+5V 供电线，与主板上的+5V 接口相对应；其他三针对应插入即可；IDE_LED 为机箱面板上的硬盘工作指示灯，对应主板上的 IDE_LED；PLED 为计算机工作指示灯，对应插入主板即可。需要注意的是，硬盘工作指示灯与电源指示灯分正负极，一般情况下，红色代表正极。前面板连线如图 5-6 所示。

前面板连线

图 5-6   前面板连线

操作与实训

实训 自己动手组装一台计算机

1. 安装 CPU

在将主板装进机箱前，最好先将 CPU 和内存安装好，以免将主板安装好后机箱内狭窄的空间影响 CPU 等的顺利安装。图 5-7 所示为 CPU 的安装过程。

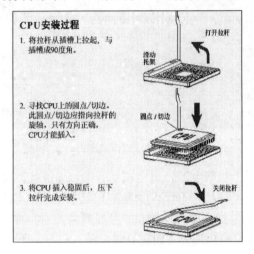

图 5-7　CPU 的安装过程

步骤 1 稍向外/向上用力拉开 CPU 插座上的锁杆与插座呈 90°角，以便让 CPU 能够插入处理器插座。

步骤 2 将 CPU 正确安放到插座上。注意，CPU 在方向正确时才能被插入插座中。

步骤 3 按下锁杆，如图 5-8 所示。

图 5-8　安装好的 CPU

2．安装 CPU 风扇

CPU 的安装一般都很简单，但 CPU 风扇的安装较复杂，其步骤如下。

步骤 1 在 CPU 的核心上均匀涂上适量的散热膏（导热硅脂），但不要涂得太多，只要均匀地涂上薄薄的一层即可。

步骤 2 将散热风扇妥善定位在支撑机构上。

步骤 3 向下压风扇，直到它的 4 个卡子都锲入到支撑机构对应的孔中。

步骤 4 将两个压杆压下以固定风扇。需要注意的是，每个压杆都只能沿一个方向压下，如图 5-9 所示。

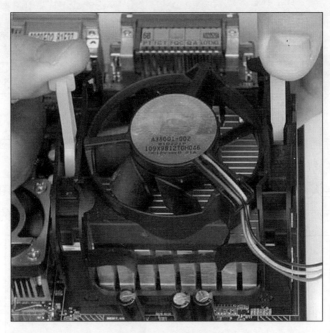

图 5-9　CUP 风扇安装

步骤 5 将 CPU 风扇的电源线接到主板上 CPU 风扇电源接头上即可，如图 5-10 所示。

图 5-10　风扇电源接口

**提 示**

　　一定要在 CPU 上涂散热膏，这有助于将废热由处理器传导至散热装置上。不在处理器上使用导热介质会导致死机甚至烧毁CPU。此外，无论散热装置的接触面是有任何细微的偏差，还是只有一个点的灰尘，都会导致无法有效地将废热从处理器传导出来。散热膏在 CPU 的接触面（就是印模）上会充满极微小的散热孔道。一些散热装置的制造商会在其产品中附带散热膏，如果没有，可到计算机或电子零件商店购买。

3．安装内存

　　DDR3 内存如图 5-11 所示。其安装方法如下。

图 5-11　DDR3 内存

步骤 1 将内存插槽两端的卡子向两边振动，将其打开，这样才能将内存插入。然后插入内存条，内存条的凹槽必须对准内存插槽上的凸点（隔断）。

步骤 2 向下压入内存，在按的时候需要稍用力。内存的安装方法如图 5-12 所示。

步骤 3 压内存两边的固定杆，以确保内存条被固定住，即完成内存的安装。

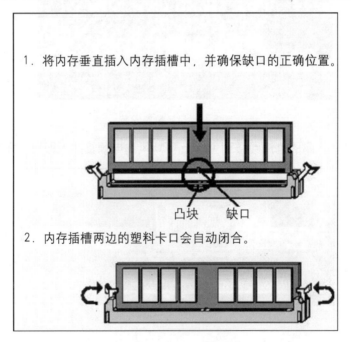

图 5-12　内存安装方法

4．安装电源

在购买机箱时可以买已装有电源的机箱。对于不带电源的机箱，加装电源也很容易，下面将介绍如何安装电源。

安装电源很简单，先将电源放进机箱上的电源位，再将电源上的螺丝固定孔与机箱上的固定孔对正。然后先拧上 1 颗螺钉（固定住电源即可），再将剩下的 3 个螺钉孔对正位置，再拧上剩下的螺钉即可。

需要注意的是，在安装电源时，首先要将电源放入机箱内，这个过程中要注意电源放入的方向，有些电源有两个风扇，一个排风口，其中一个风扇或排风口应对着主板；放入后稍稍调整，让电源上的 4 个螺钉和机箱上的固定孔分别对齐，如图 5-13 所示。

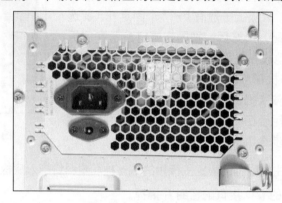

图 5-13　电源的安装

ATX 电源提供多组插头，主要有 20 芯/24 芯的主板插头、4 芯的驱动器插头和 4 芯的小驱动器专用插头。主板插头只有一个且具有方向性，可以有效地防止误插；插头上还带有固定装置，可以钩住主板上的插座，不至于让接头松动而导致主板在工作状态下突然断电。驱动器电源插头用处最广泛，硬盘甚至一些风扇都要用到它。4 芯插头提供了+12V 和+5V 两组电压，一般，黄色电线代表+12V 电源，红色电线代表+5V 电源，黑色电线代表地线。4 芯小驱动器专用插头的原理和 4 芯驱动器插头是一样的，只是接口形式不同，它是专为传统的小驱供电设计的。图 5-14 所示为主板电源接口。

图 5-14　主板电源接口

5．安装主板

在主板上装好 CPU 和内存后，即可将主板装入机箱。

机箱的整个机架由金属组成。其 5in 固定架可以安装几个设备，比如光驱；3in 固定架是用来固定小软驱、3in 硬盘的；电源固定架是用来固定电源的；机箱下方的大块铁板是用来固定主板的，称为底板（见图 5-15）；底板上面的很多固定孔是用来上铜柱或塑料钉，以固定主板的，现在的机箱在出厂时就已经将固定柱安装好。而机箱背部的槽口是用来固定板卡及打印口和鼠标口的，在机箱的四面还有 4 个塑料脚垫。底板上一般有 5～7 个固定孔，要选择合适的孔与主板匹配。选好后，把固定螺钉旋紧在底板上。然后把主板小心地放在上面，注意将主板上的键盘口、鼠标口、串/并口等与机箱背面挡片的孔对齐，使所有螺钉对准底板的固定孔，依次把每个螺丝安装好。总之，主板与底板要平行，决不能碰在一起，否则容易造成短路。

安装主板的具体步骤如下。

图 5-15　机箱底板

步骤 1　将机箱或主板附带的固定主板用的螺丝柱和塑料钉旋入底板和机箱的对应位置。

步骤 2　将机箱上的 I/O 接口的密封片撬掉。

提　示

可根据主板接口情况，将机箱后相应位置的挡板去掉。这些挡板与机箱是直接连接在一起的，需要先用螺丝刀将其顶开，然后用尖嘴钳将其扳下。外加插卡位置的挡板可根据需要取下，不要将所有的挡板都取下。I/O 面板如图 5-16 所示。

图 5-16　I/O 面板

步骤 3　将主板对准 I/O 接口，放入机箱，如图 5-17 所示。

图 5-17　主板正确安放

步骤 4 将主板固定孔对准螺丝柱和塑料钉，用螺丝将主板固定。

步骤 5 将电源插头插入主板上的相应插口中。这是 ATX 主板上普遍具备的 ATX 电源接口，只需将电源上同样外观的插头插入该接口即完成 ATX 电源的连接。

6. 连接机箱接线

对于初学者来说，安装主板时的难点不是将主板放入机箱并固定好，而是机箱连接线该怎么接。下面将简单介绍机箱连接线的接法。

PC 喇叭的 4 芯插头实际上只有 1、4 两根线，1 线通常为红色，它接在主板 Speaker 插针上（这在主板上有标记，通常为 Speaker）。在连接时，注意红线对应 1 的位置。

 注 意

红线对应 1 的位置，有的主板将正极标为 1，有的标为+，视情况而定。

RESET 接头连着机箱的 RESET 键，它要接到主板的 RESET 插针上。主板上 RESET 针的作用是：当它们短路时，计算机就重新启动。RESET 键是一个开关，按下它时产生短路，手松开时又恢复开路，瞬间的短路就使计算机重新启动。偶尔也会有这样的情况，当按一下 RESET 键并松开时并没有弹起，一直保持着短路状态，计算机就会不停地重新启动。

ATX 结构的机箱上有一个总电源的开关接线，是个 2 芯的插头，它和 RESET 的接头一样，按下时短路，松开时开路，按一下，计算机的总电源就被接通了，再按一下就关闭。但是，你还可以在 BIOS 中设置为开机时必须按电源开关 4s 以上才会关机，或者根本就不能按开关键来关机，而只能靠软件关机。

3 芯插头是电源指示灯的接线，使用 1、3 位，1 线通常为绿色。在主板上，插针通常标记为 POWER，连接时注意绿色线对应于第 1 针（+）。当它连接好后，计算机一开机，电源灯就一直亮着，指示电源已经打开。图 5-18 所示为前面板的开关连线。

图 5-18　前面板开关连线

　　硬盘指示灯为 2 芯接头，一根线为红色，另一根线为白色。一般，红色（深颜色）表示为正，白色表示为负。在主板上，这样的插针通常标着 IDE LED 或 HDD LED 的字样，在连接时要将红线对应于第 1 针。这根线接好后，当计算机在读写硬盘时，机箱上硬盘的灯会亮。有一点要说明的是，这个指示灯只能指示 IDE 或 SATA 硬盘，对 SCSI 硬盘是不起作用的。

　　接下来，还需要将机箱上的电源、硬盘、喇叭、复位等控制连接端子线插入主板上的相应插针上。连接这些指示灯线和开关线是比较繁琐的，因为不同的主板在插针的定义上是不同的，究竟哪几根是用来插接指示灯的，哪几根是用来插接开关的，都需要查阅主板说明书才能清楚，所以建议初学者最好在将主板放入机箱前就把这些线连接好。另外，主板的电源开关、RESET（复位开关）等设备是不分方向的，只要弄清插针就可以插好。而 HDD LED（硬盘灯）、POWER LED（电源指示灯）等，由于使用的是发光二极管，因此如果插反，指示灯是不能闪亮的，一定要仔细核对说明书上对该插针正负极的定义。图 5-19 所示为前面板连线。

图 5-19　前面板连线

7. 安装硬盘

　　硬盘（Hard Disc Drive，HDD）是计算机的主要存储媒介之一，它由一个或多个铝制或者玻璃制的碟片组成。这些碟片外面覆盖有磁性材料。绝大多数硬盘都是固定硬盘，被永久性地密封固定在硬盘驱动器中。硬盘各接口如图 5-20 所示。

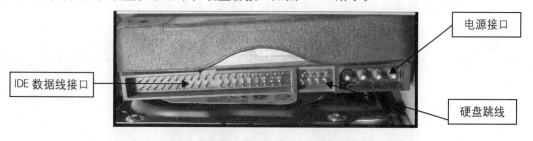

图 5-20　硬盘各接口

下面介绍单硬盘的安装，具体操作如下。（这里介绍的硬盘采用的是 IDE 接口。至于 SATA 接口硬盘的安装，读者可参考任务 2 的实训 4。）

  如果只用一根 IDE 线来连接硬盘，就可以把硬盘放到插槽中，单手捏住硬盘（注意手指不要接触硬盘底部的电路板，以防身上的静电损坏硬盘），对准安装插槽后，轻轻地将硬盘往里推，直到硬盘的 4 个螺丝孔与机箱上的螺丝孔对齐为止。

步骤 2　硬盘放置好后，就可以拧螺丝了。

注　意

　　硬盘在工作时，其内部的磁头会高速旋转，因此必须保证硬盘安装到位，确保固定。硬盘的两边各有两个螺丝孔，因此最好能上 4 个螺丝，并且在上螺丝时，4 个螺丝的进度要均衡，切勿一次性拧好同侧的两个螺丝，然后再去拧另一侧的两个螺丝。如果一次就将某个螺丝或某一侧的螺丝拧得过紧，硬盘可能就会受力不对称，从而影响数据的安全。图 5-21 所示为硬盘的安装位置。

图 5-21　硬盘的安装位置

提　示

　　一般主板上都有两个 IDE 插口——IDE1 和 IDE2，在一般情况下，都可将硬盘连接在 IDE 口上，而将光驱等设备连接在 IDE2 口上。此外，IDE 口上一般都有一个缺口，用来和 IDE 硬盘线上的凸块对应，防止插反。

先将 IDE 线插到硬盘上的 IDE 口，然后再将其插紧在主板 IDE 接口中，最后再将 ATX 电源上的扁平电源线接在硬盘的电源插头上即可，如图 5-22 所示。

图 5-22　硬盘数据线安装

提 示

有些机箱的驱动器托架安排得过于紧凑，而且与机箱电源的位置非常靠近，这样安装多个驱动器时就比较费劲。所以建议在机箱中安装好所有驱动器后再进行线路连接工作，以免先安装的驱动器连线影响下一个驱动器的安装。

为了避免因驱动器的震动造成的存取失败或驱动器损坏，建议安装驱动器时在托架上安装并固定所有的螺丝。

提 示

在一台计算机里一般只有两个 IDE 接口，每一根接线有 3 个接口，其中一个接主板的 IDE 接口，另两个则可以接两个硬盘或一个硬盘和一个光驱。如果在同一根接线上接两个 IDE 接口设备，则其中一个是主盘，另一个为从盘。由于硬盘默认的跳线设置为主硬盘，所以要将其中一个跳线设为从盘，否则将无法启动系统（具体的设置可见硬盘后面的跳线设置说明）。一般来说，光驱出厂时已设为从盘，所以安装时不必再设置跳线。

8．安装光驱

 设置光驱的跳线。当光驱与硬盘共用一条 IDE 数据线时，需要将光驱和硬盘跳线设置成一个是主引导设备，一个是从引导设备。

步骤 2 将光驱装入机箱。先拆掉机箱前方的一个 5in 固定架面板，然后把光驱滑入。把光驱从机箱前方滑入机箱时要注意光驱的方向，现在的机箱大多数只需要将光驱平推入机箱即可，但有些机箱内有轨道，在安装光驱时要安装滑轨。安装滑轨时应注意开孔的位置，并且螺钉要拧紧，滑轨上有前后两组共 8 个孔位。大多数情况下，靠近弹簧片的一对与光驱的前两个孔对齐，当滑轨的弹簧片卡到机箱里，听到"咔"的一声响，光驱就安装到位了。光驱安装位置如图 5-23 所示。

图 5-23　光驱安装位置

步骤 3　固定光驱。在固定光驱时，要用细纹螺钉固定，每个螺钉不要一次拧紧，要留一定的活动空间。如果在上第一颗螺钉的时候就固定死，那么在上其他 3 颗螺钉时，有可能因为光驱有微小位移而导致光驱上的固定孔和框架上的开孔之间错位，导致螺钉拧不进去，而且容易滑丝。正确的方法是把 4 颗螺钉都旋入固定位置后，调整一下，最后再拧紧螺钉。光驱固定支架如图 5-24 所示。

图 5-24　光驱固定支架

步骤 4　安装连接线。依次安装好 IDE 排线和电源线。

9．安装显卡、声卡、网卡

显卡、声卡、网卡等插卡式设备的安装大同小异，下面以显卡为例进行介绍。

显卡是由许多精密的集成电路及其他元器件构成的，这些集成电路很容易受到静电影响而损伤，所以在安装前和安装时要注意以下事项。

- 将计算机的电源关闭，并且拔除电源插头。
- 拿取显卡时应尽量避免金属接线部分，且最好戴上防静电手套。

- 将主板中的 ATX 电源插座上的插头拔除时，请确认电源的开关是关闭的。
- 需要注意显卡插槽的类型，并注意将显卡安装到位。

安装显卡可分为硬件安装和驱动安装两部分。硬件安装就是将显卡正确地安装到主板上的显卡插槽中，如图 5-25 所示。

图 5-25　安装显卡

显卡的安装步骤如下。

步骤 1 从机箱后壳上移除对应显卡插槽上的扩充挡板及螺丝。

步骤 2 将显卡对准显卡插槽且插入插槽中。注意，务必将金手指的金属触点与插槽接触在一起。

步骤 3 用螺丝将显卡固定在机箱外壳上。

步骤 4 将显示器上的数据线插头插在显卡的输出插头上。

步骤 5 确认无误后，重新开启电源，即完成显卡的硬件安装。

10. 连接外部设备，连接鼠标、键盘

键盘和鼠标是 PC 中最重要的输入设备，因此必须安装。键盘和鼠标的安装很简单，只需将其插头对准缺口方向插入主板上的键盘/鼠标接口即可。

现在常见的 PS/2 接口的键盘和鼠标，其接口插头是一样的，很容易混淆，所以在连接时要看清楚。

　　按接口类型分，鼠标可以分为串口、PS/2 和 USB 3 类，传统的鼠标是以串口连接的，它占用了一个串行通信口。PS/2 和 USB 接口的鼠标是目前市场上的主流产品。键盘也有 PS/2 接口和 USB 接口的。

　　键盘后面的塑料块可以扳动，使键盘倾斜一定角度，便于操作。键盘接口用于连接 PC 的输入设备——键盘，接入的是一个五针的圆形插头。连接键盘接口的时候要注意其方向，即插头上的小舌头一定要对准插孔中的方形孔。

任务小结

　　本任务总结了组装一台计算机的技巧和方法，安装前的注意事项，安装计算机各个硬件（如 CPU、内存、主板、硬盘、显卡、网卡）的方法，各种数据线的插拔安装方法，使读者的安装能力迅速提高，快速组装计算机。

选购笔记本电脑

情景描述

　　马上到春节了，单位给了几千元的补助，王大伟非常高兴，拥有一台笔记本电脑的愿望终于能够实现了。可是看了相关笔记本电脑的介绍后，他头昏目眩，笔记本电脑的价格从 2000 元到 10 000 元不等，功能、款式也种类繁多，这让王大伟一筹莫展。本任务就给读者介绍如何选购适合自己的笔记本电脑。

任务学习引导

要点 1 了解笔记本电脑市场

笔记本电脑的发展经历了一个艰难而漫长的阶段，先是价格居高不下，然后是各商家大打价格战，抢占市场份额。近年来，笔记本电脑市场多了一份"成熟"，从表面上看可谓波澜不惊，面对台式机的降价冲击和掌上电脑的激烈炒作，显得成熟许多。作为移动办公的主力，笔记本电脑所拥有的便携优势其实是无与伦比的。

1．未来消费者的需求

未来消费者的需求越来越倾向于高档、功能全面的笔记本电脑。现在，许多笔记本电脑厂商还是在 CPU 上大做文章，然而，在同一价格水平下，这实际上牺牲了许多多媒体功能，消费者买到的只是一件工作的工具，而不是一台可以兼顾生活与工作的超级机器。这些用户都希望自己的笔记本电脑能够运行功能更强大的多媒体软件，对硬件的要求更高，要有高频率的 CPU、更大的液晶屏幕、更大容量的内存和显存。

2．笔记本电脑的未来技术

未来笔记本电脑的发展趋势受到信息领域中主流技术的影响，尤其是第三代移动通信技术与无线网络技术相结合后所引发的竞争势态的影响，表现出高速网络通信能力的极大提高。同时，用户独立的工作特性也将得到加强。而经济型笔记本电脑将会像低价台式机一样，成为一般用户的移动办公设备。总之，未来笔记本电脑的专业性特点完全可以满足各类用户在工作和爱好方面的不同要求。

（1）超薄超轻设计

由于移动性仍然是笔记本电脑的根本特征，因此未来的笔记本电脑在追求性能强大的同时，必然以超薄、超轻为前提。其发展方向是一种功能和性能完全可以与台式机相比的真正的流动办公室或移动工作站和无线局域网控制服务器。实践表明，13in、1024×768、24 位色彩的显示屏是正常工作中的显示要求，为此，要使笔记本电脑的便携能力增强，只能在厚度上使笔记本电脑的重量降低。未来超薄、超轻的笔记本电脑，在保证性能完全可以与台式机相比的基础上，厚度只能在 2cm 以下，重量则在 1.5kg 以下，比如 SONY 笔记本电脑，如图 6-1 所示。

图 6-1　SONY 笔记本电脑

（2）多媒体效果显著

有一些笔记本电脑采用了高档品牌音箱作为其内置音箱，给笔记本电脑带来更多的声色效果。图 6-2 和表 6-1 所示分别为联想 Y580N-IFI 笔记本电脑及其配置参数。

图 6-2　联想 Y580N-IFI

表 6-1　联想 Y580N-IFI 配置

配件	型号
CPU 型号	i5 3210M
CPU 速度	2.5GHz
芯片组	Intel HM76
内存	4GB（DDR3）
硬盘	1TB，5400 转/分
显示芯片	GTX 660M
显存容量	独立 2GB

（续表）

配件	型号
屏幕	15.6in，1366x768，LED 背光
无线局域网	Intel 2200 BGN
扬声器	2 个 1.5W JBL 音响

要点 2 笔记本电脑的性能参数

常见的笔记本电脑品牌有：联想、惠普、戴尔、方正、索尼、富士通、宏碁、三星、东芝等。一般地，在购置笔记本电脑时主要参考以下几个部件的性能参数：CPU、主板、显卡、内存和显示器。

1．CPU

CPU 和内存不一样，它基本上是不能更换的。CPU 决定着笔记本电脑的性能表现情况，也是笔记本电脑产生热源的部件之一。所以在选购时要先考虑笔记本电脑的用途，再决定选择何种性能的 CPU。

2．主板

主板是笔记本电脑的骨架，它决定着笔记本电脑能使用的 CPU 类型、内存类型及内存容量的大小等。这些参数决定着笔记本电脑的升级潜力。

考虑到笔记本电脑在性能与升级方面的实际情况，在选择主板时，主要看主板所采用的芯片组型号，支持的内存类型、容量和内存插槽数量等。

3．显卡

对于游戏用户而言，显卡的重要性甚至超过 CPU。与 CPU 一样，显卡也是笔记本电脑产生热源的主要部件之一。如果是办公使用，集成显卡就可以满足需求，这可以换来低热和长电池续航时间。

4．显示器

显示器最常见的分辨率有 1280×800、1440×900、1680×1050、1920×1200。需要经常带笔记本电脑出差的用户建议选择 13in 的机器，这是一个移动性和适用性较平衡的尺寸。一般地，14in 产品的分辨率以 1280×800 为宜；15in 的则以 1440×900 为宜，这样才能有效地发挥大尺寸的长处，而 1680×1050 及 1920×1200 等超高的分辨率一般用于绘图或数据表处理工作。

要点 3

选购笔记本电脑的注意事项

购买笔记本电脑和购买品牌台式机一样，很容易走进商家设下的"圈套"。下面介绍几个购买笔记本电脑的误区。

1. 第一误区：广告和推销误区

这是最容易走进的误区，也是推销代表最擅长的圈套。购买笔记本电脑的朋友，最忌讳看广告购买，在购买之前应该认真了解权威评测机构的报告和市场推荐，找出适合自己的笔记本电脑。

2. 第二误区：产地误区

有些笔记本电脑的产地虽然不一样，但品牌一样，其中部分配件的质量会存在差别，如光驱或显示器。因此，购买时要仔细检查，在很多笔记本电脑的标识中会注明产地。

3. 第三误区：售后服务误区

售后服务很重要，笔记本电脑和台式机不一样，属于比较娇贵的东西，因此售后服务很重要。厂商是否在各地区或用户主要使用地区设置了维修站是用户不能回避的问题。

在购买笔记本电脑时，建议检查核对规格配置：

- 核对标签上的序列号是否正确。
- 检查外包装有无损坏。
- 观察笔记本电脑外观是否完整。
- 检查电池。

操作与实训

实训 1

设计购买方案

在购买笔记本电脑前，要理性地做充分的分析，无论是对使用需求，还是对产品的特性，都要有清楚的认识。而很多用户购买时都没有做到这一点，而是听信广告或者他人的一面之词，片面地追求机型的重量、外观、品牌等。笔记本电脑产品和其他事物一样，都没有十全十美的。用户的需求不同，各型号笔记本电脑的定位、功能也不相同，只有充分了解使用需求和产品特点后，选购产品时才能有的放矢，用最合理的价钱买到最适合自己的笔记本电脑。

实训 2 了解自己的需求

到底要买一台什么样的笔记本电脑？主要用来做什么？只要弄清这两个问题，在选购产品时就不会漫无目的、无所适从。如果是商务人士，经常会处在旅途之中，一台稳定轻薄的商务笔记本电脑将是最佳选择。如果是学生，可能更注重价格，而时尚的风格是每个年轻人所喜爱的，因此可以选择一些多媒体功能强的中低端笔记本电脑。这些笔记本电脑各方面的性能都很优秀，外观也较时尚。由于学生并不需要经常携带笔记本电脑外出，因此重量方面可以要求不那么高。如果是办公或家庭用，具有良好舒适性、整体性能较高的台式机代替笔记本电脑是最佳选择。当然，每个人的需求是复杂多样的，超轻薄笔记本电脑、强调影音功能的多媒体笔记本电脑就是面向不同的用户推出的。只要用户在购买前认真考虑了这个问题，相信心里就会有一个大致的方向，先选定范围，再具体了解每一款产品的特点，挑出最适合自身需求的产品就不是一件难事了。

实训 3 明确自己的预算

笔记本电脑的价格差异很大，即使相同定位、配置基本相同的产品，也会因品牌不同而有价格差异。因此，选购笔记本电脑前做好预算也是十分重要的，而且做了预算后就不要轻易修改。

实训 4 了解其他因素

由于目前国内笔记本电脑市场并不成熟，笔记本电脑的售后服务是一个令人头痛的问题。因此，在购买前应该注意这个问题，并把它当作选购机器的一个重要因素。选择信誉好的品牌，购买时填好明确的保修凭证，确认保修时间，在可能的情况下尽量争取更长的保修期限，这样才能无后顾之忧。

除此之外，商家怕你在踏入笔记本电脑卖场前就知道的几条经验如下。

第一，也是最重要的一点，不要轻易改变已经看好的笔记本电脑的型号和配置。

第二，问价格有讲究，要报出精准的型号。

第三，不要因突然问到一个非常低的价格而激动不已。

第四，对看好的配置一定要了解清楚。

第五，了解要购买的机器的赠品。

第六，观察是否为新机。首先看接口处，如网卡接口处，有没有进灰尘，新机器是不会有灰尘的；其次仔细看键盘里有无灰尘，表面有无划伤，如果有划伤，就可以确定是样机了。

第七，很多销售员说要开发票就要加钱，加几个税点，这是不对的，因为笔记本电脑进货的时候就已经含税了。

第八，在购买前，最好去各大电子商务网站查一下价格。

任务小结

　　本任务从技术和市场双线入手给读者提出了选购笔记本电脑的基本方法和策略，以及在选购时的注意事项。当然，随着市场和技术的不断更新，新的更纷繁复杂的笔记本电脑产品不断涌现，读者只要本着在任务中学到的基本原则和方法，就一定能够选到一款适合自己的笔记本电脑。

BIOS 设置

情景描述

　　蒋雪峰是一个高级的游戏玩家，平常酷爱玩各种网游，几乎成了网瘾少年，在家人和朋友的劝说下，终于要"改邪归正"，他要把自己的精力用于学习计算机知识。听朋友说计算机的 BIOS 很重要，很多 DIY 操作和安全设置都需要用到 BIOS。可是他连 BIOS 是什么都不知道，怎么办呢？那么通过本任务的学习，他一定能够学到 BIOS 的相关知识。

要点 1

BIOS 简介

BIOS 芯片确切地说是 CMOS 芯片。CMOS 指芯片的类型，而 BIOS 是装在芯片里的程序。计算机断电后，CMOS 芯片还能保存信息，这是因为主板上有一块电池，它给 CMOS 芯片供电。一般 CMOS 芯片离电池很近，位于软驱接口和 PCI 插槽中间，圆圆的纽扣电池右边就是 CMOS 芯片，如图 7-1 所示。它是软件与硬件之间的桥梁，里面记录了计算机最基本的信息，没有它，计算机就不能工作。

图 7-1 CMOS 芯片

1. BIOS 的功能

BIOS 主要有以下 4 个功能。

- BIOS 中断服务程序：实质上是计算机系统中软件与硬件之间的一个可编程接口，主要用于程序软件功能与计算机硬件之间的连接。

- BIOS 系统设置程序：计算机部件配置记录是放在一块可写的 CMOS RAM 芯片中的，主要保存着系统的基本情况、CPU 特性、软硬盘驱动器等部件的信息。在 BIOS ROM 芯片中装有 "系统设置程序"，它主要用来设置 CMOS RAM 中的各项参数。这个程序在开机时按某个键就可进入设置状态，并提供良好的界面。

- POST 加电自检：计算机接通电源后，系统首先由 POST（Power On Self Test，加电自检）程序来对内部各个设备进行检查。通常，完整的 POST，自检包括对 CPU、640KB 基本内存、1MB 以上的扩展内存、ROM、主板、CMOS 存储器、串并口、显卡、软硬盘子系统及键盘进行测试，一旦在自检中发现问题，系统将给出提示信息或鸣笛警告。

- BIOS 系统启动自举程序：系统完成 POST 自检后，BIOS 就首先按照系统 CMOS 设置中保存的启动顺序搜索软硬盘驱动器及 CD-ROM、网络服务器等有效的启动驱动器，读入操作系统引导记录，然后将系统控制权交给引导记录，并由引导记录来完成系统的顺序启动。

2. BIOS 的提示信息

如果无法正常启动，系统可能会有以下提示，下面具体分析其中的原因。

- CMOS battery failed（CMOS 电池失效）

  原因：说明 CMOS 电池的电力已经不足，须更换新的电池。

- CMOS check sum error - Defaults loaded（CMOS 执行全部检查时发现错误，因此载入预设的系统默认值）

  原因：通常发生这种状况都是因为电池电力不足所造成的，所以不妨先换块电池试试看。如果问题依然存在，那就说明 CMOS RAM 可能有问题，最好送回原厂处理。

- Press Esc to skip memory test（内存检查，可按 Esc 键跳过）

  原因：如果在 BIOS 内并没有设定快速开机自我检测的话，那么开机就会执行内存的测试，如果你不想等待，可按 Esc 键跳过或到 BIOS 内开启快速开机自我检测（Quick Power On Self Test）。

- Hard disk install failure（硬盘安装失败）

  原因：硬盘的电源线、数据线可能未接好或者硬盘跳线设置不当（例如，一根数据线上的两个硬盘都设为 Master 或 Slave）。

- Secondary slave hard fail（检测从盘失败）

  原因：CMOS 设置不当（例如，没有从盘，但在 CMOS 中设为有从盘）；硬盘的电源线、数据线可能未接好或者硬盘跳线设置不当。

- Hard disk(s) diagnosis fail（执行硬盘诊断时发生错误）

  原因：这通常代表硬盘本身的故障。可以先把硬盘接到另一台计算机上试一下，如果问题一样，最好送回原厂处理。

- Floppy disk(s) fail 或 Floppy disk(s) fail(80) 或 Floppy disk(s) fail(40)（无法驱动软驱）

  原因：软驱的排线是否接错或松脱？电源线是否接好？如果这些都没问题，只能购买一个新的软驱。

- Keyboard error or no keyboard present（键盘错误或者未接键盘）

  原因：键盘连接线是否插好？连接线是否损坏？

- Memory test fail（内存检测失败）

  原因：通常是因为内存不兼容所导致。

- Press Tab to show POST screen（按 Tab 键可以切换屏幕显示）

  原因：有一些 OEM 厂商会以自己设计的显示画面来取代 BIOS 预设的开机显示画面，而此提示就是要告诉使用者可以通过按 Tab 键在厂商的自定义画面和 BIOS 预设的开机画面之间进行切换。

3．BIOS 和 CMOS 的区别

CMOS 是主板上的一块可读写的 RAM 芯片，它靠后备电池供电，即使系统断电，其中的信息也不会丢失。CMOS 芯片只有保存数据的功能，而对 CMOS 中各项参数的修改要通过 BIOS 的设定程序来实现。BIOS 实际上是系统重要信息和设置系统参数的设置程序。

要点 2　BIOS 设置方法

1．BIOS 主界面

BIOS 主界面如图 7-2 所示，具体菜单的功能如下。

图 7-2　BIOS 主界面

- STANDARD CMOS SETUP：用来设置日期、时间、软硬盘规格、工作类型，以及显示器类型。
- BIOS FEATURES SETUP（BIOS 功能设置）：用来设置 BIOS 的特殊功能，如病毒警告、开机磁盘优先程序等。
- CHIPSET FEATURES SETUP（芯片组特性设置）：用来设置 CPU 工作的相关参数。
- POWER MANAGEMENT SETUP（省电功能设置）：用来设置 CPU、硬盘、显示器等设备的省电功能。
- PNP/PCI CONFIGURATION（即插即用设备与 PCI 组态设置）：用来设置 ISA 及其他即插即用设备的中断值。
- LOAD BIOS DEFAULTS（载入 BIOS 预设值）：用来载入 BIOS 初始设置值。
- LOAD OPTIMUM SETTINGS（载入主板 BIOS 出厂设置）：这是 BIOS 的最基本设置，用来确定故障范围。
- INTEGRATED PERIPHERALS（内建整合设备周边设置）：主板整合设备设置。
- SUPERVISOR PASSWORD（管理者密码）：计算机管理员进入 BIOS 修改设置的密码。
- USER PASSWORD（用户密码）：设置开机密码。
- IDE HDD AUTO DETECTION（自动检测 IDE 硬盘类型）：用来自动检测硬盘容量、类型。
- SAVE & EXIT SETUP（存储并退出设置）：保存已经更改的设置并退出 BIOS。
- EXIT WITHOUT SAVING：不保存已经修改的设置，并退出 BIOS。

2. STANDARD CMOS SETUP

STANDARD CMOS SETUP（标准 CMOS 设置）界面如图 7-3 所示。

图 7-3　标准 CMOS 设置

标准 CMOS 设置界面的最上面是 Date 和 Time 设置，可以在这里设置计算机上的时间和日期。

STANDARD CMOS SETUP 界面的中间是硬盘设置信息，其中，表格第一列的内容如下。

- Primary Master：第一组 IDE 主设备。
- Primary Slave：第一组 IDE 从设备。
- Secondary Master：第二组 IDE 主设备。
- Secondary Slave：第二组 IDE 从设备。

这里的 IDE 设备包括 IDE 硬盘和 IDE 光驱，第一、第二组设备是指主板上的第一、第二根 IDE 数据线，一般来说，靠近芯片的是第一组 IDE 设备；而主设备、从设备是指在一条 IDE 数据线上接的两个设备，每根数据线上可以接两个不同的设备，主、从设备可以通过硬盘或者光驱的后部跳线来调整。

表格中的其他列是 IDE 设备的类型和硬件参数，具体内容如下。

- TYPE：用来说明硬盘设备的类型，可以选择 Auto、User、None 3 种工作模式。Auto 是由系统自己检测硬盘类型，在系统中存储了 1~45 类硬盘参数。在使用该设置值时，不必再设置其他参数。如果使用的硬盘是预定义以外的，那么就应该将硬盘类型设置为 User，然后输入硬盘的实际参数（这些参数一般在硬盘表面的标签上）。如果没有安装 IDE 设备，可以选择 None 参数，这样可以加快系统的启动速度。在一些特殊操作中，也可以通过选择 None 来屏蔽系统对某些硬盘的自动检查。
- SIZE：表示硬盘的容量。
- CYLS：表示硬盘的柱面数。
- HEAD：表示硬盘的磁头数。
- PERCOMP：写预补偿值。
- LANDZ：表示着陆区，即磁头起停扇区。
- SECTOR：表示扇区的数量。
- MODE：表示硬件的工作模式，可以选择的工作模式有 Normal（普通模式）、LBA（逻辑块地址模式）、Large（大硬盘模式）和 Auto（自动选择模式）。

STANDARD CMOS SETUP 界面的下面还有 Video 和 Halt On 两项设置。Video 是用来设置显示器工作模式的，也就是 EGA/VGA 工作模式。Halt On 用来设置系统自检遇到错误的停机模式，如果发生以下错误，那么系统将会停止启动，并给出错误提示。

- All Errors BIOS：检测到任何错误时将停机。
- No Errors：当 BIOS 检测到任何非严重错误时，系统都不停机。
- All But Keyboard：除了键盘以外的错误，系统检测到任何错误都将停机。
- All But Diskette：除了磁盘驱动器的错误，系统检测到任何错误都将停机。
- All But Disk/key：除了磁盘驱动器和键盘外的错误，系统检测到任何错误都将停机。

3. BIOS FEATURES SETUP

BIOS FEATURES SETUP（BIOS 功能设置）界面如图 7-4 所示。其中，Enabled 表示开启该功能，Disabled 表示禁用该功能，使用 Page Up 和 Page Down 键可以在这两项之间进行切换。界面中可设置的功能如下。

图 7-4　BIOS 功能设置

- CPU L2 Cache ECC Checking（CPU L2 二级缓存错误检查修正）：此项用于检查二级缓存。
- Quick Power On Self Test（快速开机自我检测）：此选项可以调整某些计算机自检时 3 次检测内存容量的自检步骤。
- Boot From LAN First（网络开机功能）：此选项可以远程唤醒计算机。
- Boot Sequence（开机优先顺序）：这是需要经常调整的功能，通常使用的顺序是 A、C、SCSI、CDROM。如果需要从光盘启动，那么可以调整为 ONLY CDROM，正常运行最好调整为由 C 盘启动。
- PCI/VGA Palette Snoop（颜色校正）：此选项可决定哪种 MPEG ISA/VESA VGA 卡可以（或是不能）与 PCI/VGA 一起运作。
- OS Select For DRAM>64MB（设置 OS2 使用内存容量）：如果正在使用 OS/2 系统并且系统内存大于 64MB，则该项应为 Enabled，否则高于 64MB 的内存无法使用，一般情况下为 Disabled。
- HDD S.M.A.R.T. capability（硬盘自我检测）：此选项可以用来自动检测硬盘的工作性能，如果硬盘即将损坏，那么硬盘自我检测程序会发出警报。

练习 BIOS 设置

常用的 BIOS 类型有两种：一种是 Award BIOS，进入这种类型的 BIOS 需要在开机时按 Delete 键。另外一种是 AMI BIOS，进入这种类型的 BIOS 需要在开机时按 F2 键。Award BIOS 主界面如图 7-5 所示，AMI BIOS 主界面如图 7-6 所示。

图 7-5　Award BIOS 主界面

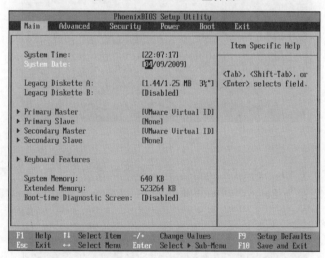

图 7-6　AMI BIOS 主界面

下面以 Award BIOS 为例，介绍一些常见的 BIOS 设置项目。

步骤 1　将 BIOS 时间改为当前时间，如图 7-7 所示。

步骤 2　设置管理者密码，如图 7-8 所示。

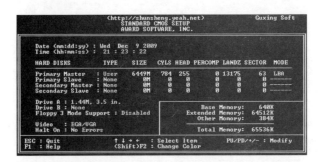

图 7-7　修改系统时间

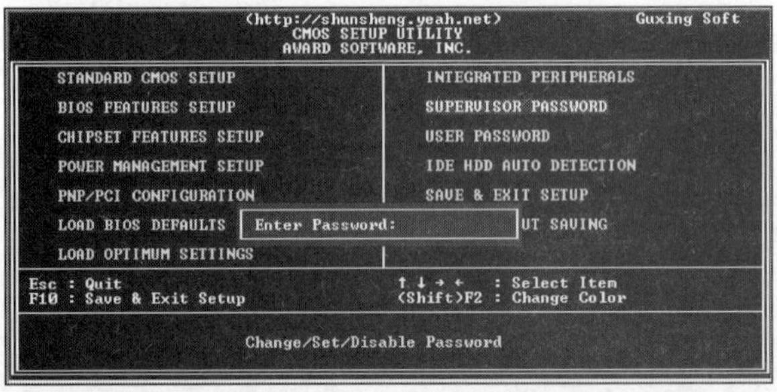

图 7-8　设置管理者密码

步骤 3 设置启动顺序为从光驱启动，如图 7-9 所示。

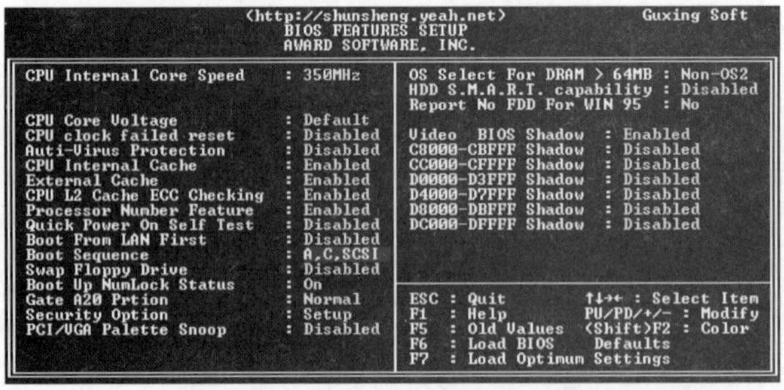

图 7-9　设置启动顺序

步骤 4 设置开机密码。Security Option 选项如果设置为 System，则表示开机需要输入密码，如果将该选项设为 Setup，则表示进入 BIOS 需要输入密码。开机需要输入密码的设置如图 7-10 所示。

图 7-10　开机密码设置

步骤 5 设置加载最优配置，如图 7-11 所示。

图 7-11　最优配置

步骤 6 加载出厂配置，如图 7-12 所示。

图 7-12　出厂配置

任务小结

　　在本任务中，介绍了 BIOS 的基本概念、BIOS 的设置方法及其应用技巧。这些知识对于网络管理员来说是必备的。

操作系统及驱动安装

情景描述

　　林雨馨平常总是以计算机高手自居，给人讲起计算机的知识总是滔滔不绝，平常一些计算机问题她也总是能轻松搞定。可是，有一天，邻居家的计算机坏了，让她帮忙安装操作系统，在装完系统后，却怎么也装不上相关的驱动，她急得满头大汗。本任务将介绍系统及驱动程序的安装方法。

任务学习引导

要点 1

操作系统安装流程

下面以 Windows XP 为例，介绍全新安装操作系统的流程和方法。

1. BIOS 设置

步骤 1 按电源键，开机。在开机的 5s 之内，即系统加电自检的阶段，按 Del 键，进入 BIOS 设置界面。

步骤 2 根据不同的 BIOS，选择 Advanced BIOS Features 项或 Boot 项。

步骤 3 选择 First Boot Device 项或 Boot Device Priority 项。

步骤 4 设置开机启动顺序为 CD/DVD ROM。

步骤 5 按 F10 键保存退出。

2. 准备安装

步骤 1 插入系统安装光盘，启动并进入安装界面，这时载入必要的硬件驱动和安装文件。

步骤 2 在【安装选项】中有 3 个选项：【现在安装】、【故障恢复控制台修复】和【退出安装】。选择【现在安装】选项，并按回车键。

步骤 3 在出现的协议界面中，按 F8 键接受协议。

步骤 4 随后出现的系统选项中有两个选项：按 R 键修复现有安装、按 Esc 键全新安装。

　　按 Esc 键后，进入安装目标分区选择界面，其中有 3 个选项：

- 当前分区（默认 C），按 Enter 键。
- 在未划分空间，按 C 键。
- 删除所选分区，按 D 键。

在目标分区选择界面中，可以不更改磁盘分区进行重新安装，或对磁盘进行重分区及格式化。如果选择"当前分区（默认 C），按 Enter 键"，主分区的数据将会被新系统文件覆盖，其他分区的数据不受影响。

步骤 5 选择完成后，系统将开始复制安装文件到磁盘中，复制完毕后重新启动系统。

3. 开始安装操作系统

系统第一次重启完成后，将进入安装界面，预计安装完成约需 39min。

在倒计时还有 33min 时，需要进行区域和语言选择，注册名、日期和时间设置，选择默认选项即可。

随后开始安装网络设备并完成网络、工作组或计算机域、工作组名设置。

在倒计时还有 29min 时，开始复制文件。

在倒计时还有 21min 时，安装开始菜单项。

在倒计时还有 18min 时，注册组件。

在倒计时还有 9min 时，保存设置。

在最后 1min，删除用过的临时文件，第二次重新启动系统，计算机进入 Windows XP 系统。

要点 2　各种驱动安装顺序

首先安装主板驱动，其次是系统补丁，接下来安装显卡驱动、声卡驱动、网卡驱动。

操作与实训

实训 1　从光盘安装 Windows XP 系统与驱动安装

此实训将演示完整的 Windows XP 系统的安装过程，以及网卡驱动的安装方法。

1. 操作系统安装实战

步骤 1 准备好 Microsoft Windows XP 安装光盘，并用纸张记录安装文件的产品序列号。

步骤 2 将 Windows XP 安装光盘放入光驱，启动计算机，按 Del 键，进入 BIOS 界面，选择 Boot 菜单，将光驱 CD-ROM Driver 设为第一启动盘，按 F10 键，选择 Yes 保存设置，并重启计算机，如图 8-1 所示。

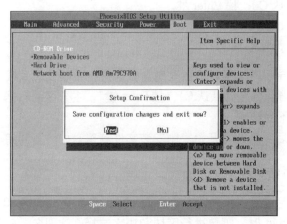

图 8-1　设置启动顺序

步骤 3 在安装界面中，按 Enter 键开始安装 Windows XP，如图 8-2 所示。

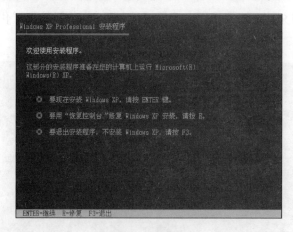

图 8-2　开始安装

步骤 4 按 Enter 键后，出现许可协议界面，按 F8 键接受协议，如图 8-3 所示。

图 8-3　许可协议

步骤 5 进入目标分区选择环节，如图 8-4 所示。按 C 键，创建磁盘分区。

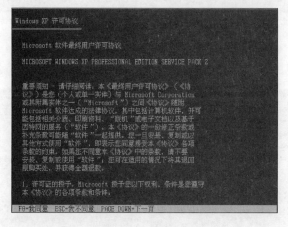

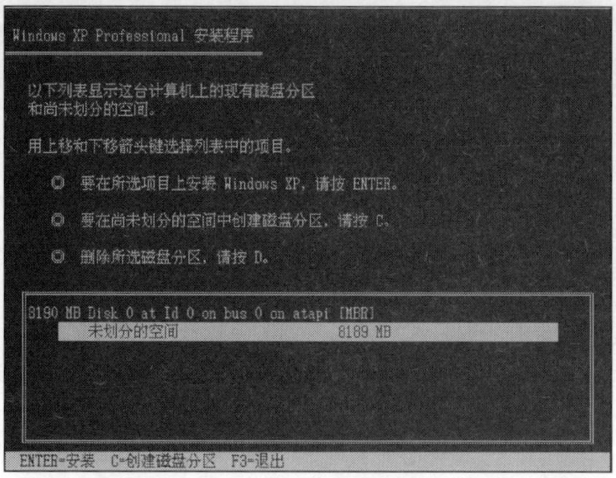

图 8-4　划分磁盘空间

步骤 6 创建好分区后，选择安装系统所用的分区为 C 盘，然后按 Enter 键确认，将进入选择格式化程序和文件系统的界面，选择【用 NTFS 文件系统格式化磁盘分区（快）】并按 Enter 键，如图 8-5 所示。

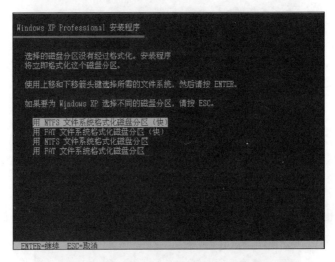

图 8-5 选择格式化程序和文件系统

步骤 7 目前常见的是 NTFS 文件系统格式，格式化进程如图 8-6 所示。

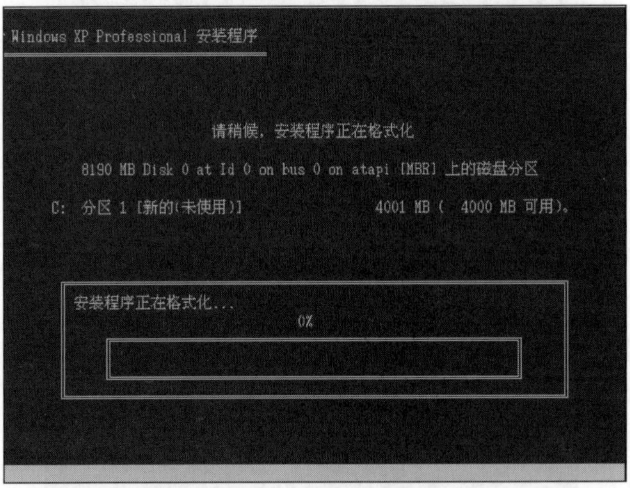

图 8-6 格式化磁盘

步骤 8 格式化分区完成后，开始从光盘复制安装文件到磁盘中，如图 8-7 所示。

步骤 9 文件复制完成后，系统自动在 15s 后重启，安装程序开始初始化 Windows XP 配置，并第一次重启进入 Windows XP 安装界面，如图 8-8 所示。

步骤 10 约经过 6min 后，当提示还需约 33min 时，将出现【区域和语言选项】界面，如图 8-9 所示。

图 8-7　复制安装文件

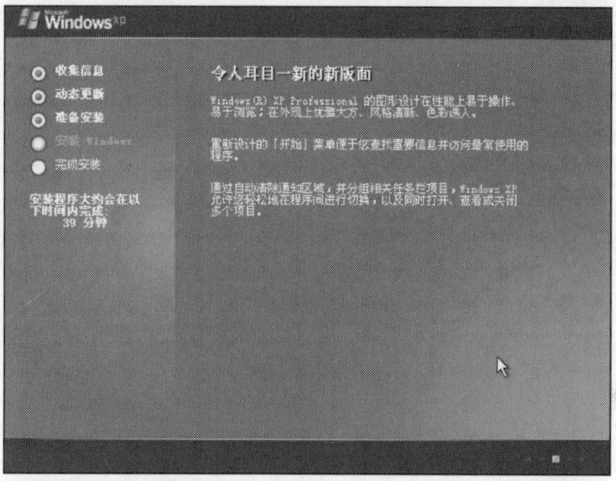

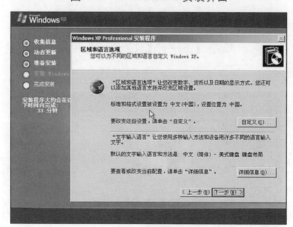

图 8-8　Windows XP 安装界面

图 8-9　【区域和语言选项】界面

步骤 11 区域和语言选项选用默认设置，单击【下一步】按钮，进入【自定义软件】界面，如图 8-10 所示。在此界面中输入姓名及单位信息，单击【下一步】按钮。

图 8-10 【自定义软件】界面

步骤 12 完成自定义软件后，进入【您的产品密钥】界面，如图 8-11 所示。

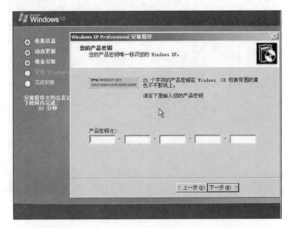

图 8-11 【您的产品密钥】界面

步骤 13 输入安装序列号，单击【下一步】按钮，进入【计算机名和系统管理员密码】界面，如图 8-12 所示。

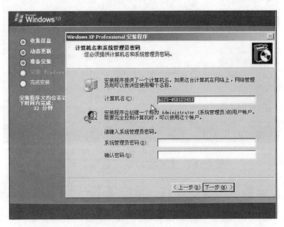

图 8-12 【计算机名和系统管理员密码】界面

步骤 14 安装程序会自动创建计算机名称，用户可任意更改，输入两次系统管理员密码，单击【下一步】按钮，进入【日期和时间设置】界面，如图 8-13 所示。

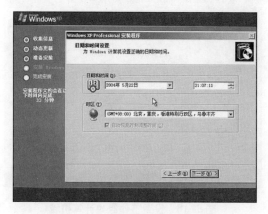

图 8-13　【日期和时间设置】界面

步骤 15 设置完日期和时间后，单击【下一步】按钮返回安装界面，如图 8-14 所示。

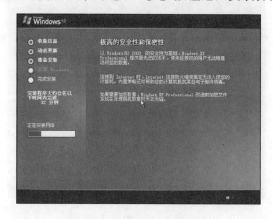

图 8-14　返回进入安装界面

步骤 16 接着安装网络组件，并出现【网络设置】界面，在其中选择网络安装所用的方式，这里选择【典型设置】选项，单击【下一步】按钮，如图 8-15 所示。

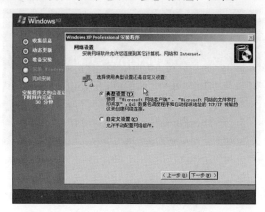

图 8-15　【网络设置】界面

步骤 17 进入【工作组或计算机域】界面，工作组设置为 WORKGROUP，如图 8-16 所示。

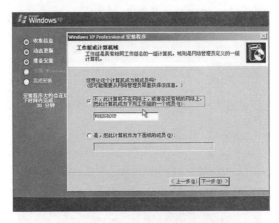

图 8-16　设置工作组或计算机域

步骤 18 设置好工作组后，单击【下一步】按钮，返回安装界面，如图 8-17 所示。

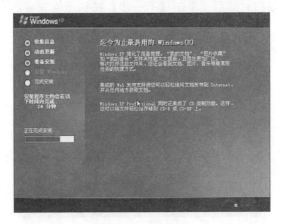

图 8-17　安装界面

步骤 19 接下来，安装程序会自动完成剩下的全过程。安装完成后，系统会第二次自动重新启动，出现 Windows XP 启动画面，如图 8-18 所示。

图 8-18　Windows XP 启动画面

步骤 20 第一次启动 Windows XP 需要较长时间，请耐心等候，接下来是欢迎界面，如图 8-19 所示。

图 8-19　欢迎界面

步骤 21　单击右下角的【下一步】按钮，进入设置上网连接方式界面，如图 8-20 所示。

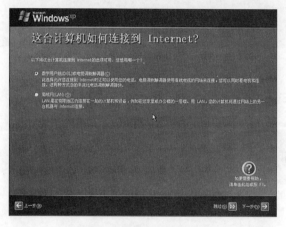

图 8-20　设置上网连接方式

步骤 22　在接下来的界面中，连续单击【跳过】按钮，不建立宽带拨号连接，直到设置用户界面，如图 8-21 所示。

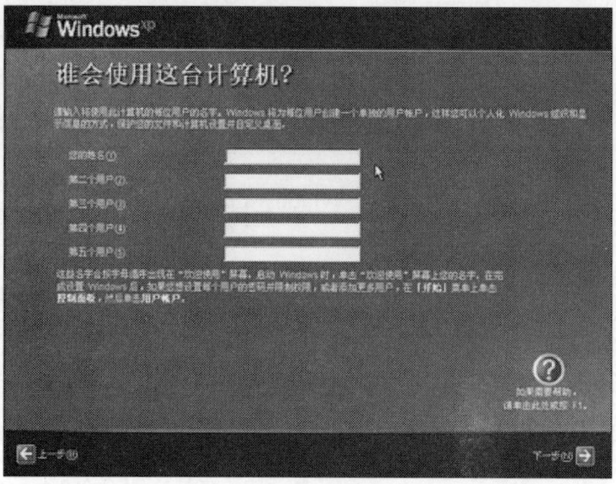

图 8-21　设置用户

步骤 23 在图 8-21 中输入一个登录计算机的用户名：Administrator，密码：123，单击【下一步】按钮，单击【完成】按钮完成设置，如图 8-22 所示。

图 8-22 完成设置

步骤 24 系统将注销，并重新以新用户身份登录系统，如图 8-23 所示。

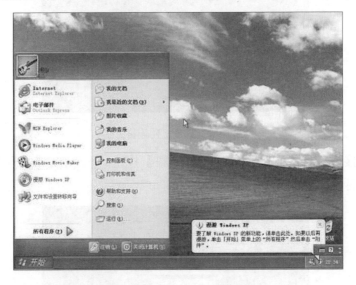

图 8-23 Windows XP 桌面

2. 网卡驱动程序安装实战

当装完系统后，还要安装一些驱动程序，包括主板、显卡、声卡、网卡、Modem 等的驱动程序，如果有打印机、摄像头、手写板等其他设备，也需要安装相应驱动。一般地，安装系统后，系统基本已安装大部分驱动，如果有没有识别到的硬件设备，则需要自己手动安装驱动程序。

下面以图解方式介绍网卡驱动的安装过程，其他设备驱动的安装方法与此类似。

步骤 1 右击【我的电脑】图标，在弹出的快捷菜单中选择【属性】命令，在打开的【系统属性】对话框的【硬件】选项卡中单击【设备管理器】按钮。在设备管理器界面中，黄色问号代表驱动未安装或者安装不完整，选中【以太网控制器】选项，如图 8-24 所示。

步骤 2 右击【以太网控制器】，在弹出的快捷菜单中选择【更新驱动程序】命令，如图 8-25 所示，进入硬件更新向导界面，如图 8-26 所示。

步骤 3 单击【从列表或指定位置安装（高级）】单选按钮，单击【下一步】按钮，在弹出的界面中单击【浏览】按钮，选择驱动程序所在的文件夹路径，如图 8-27 所示。

图 8-24　以太网控制器驱动位置

图 8-25　更新驱动程序

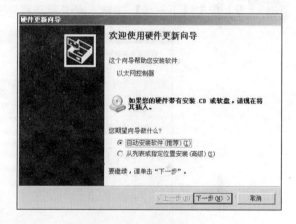

图 8-26　硬件更新向导

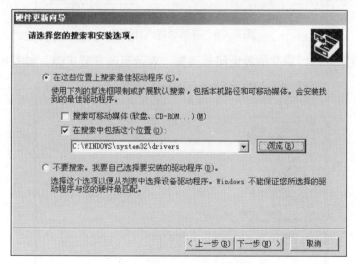

图 8-27　选择驱动程序所在文件夹路径

步骤 4 在如图 8-28 所示的对话框中选择网卡驱动程序，单击【确定】按钮。

图 8-28　选择网卡驱动程序

步骤 5 单击【下一步】按钮，网卡驱动程序开始导入计算机，如图 8-29 所示。

图 8-29　将驱动导入计算机

步骤 6 安装完成后，原有的黄色问号消失，表示驱动安装正确，如图 8-30 所示。

图 8-30　驱动安装完成

实训 2

用 U 盘启动盘安装 Windows 7 系统

用与任务 25 相似的方法制作 Windows 7 系统的 U 盘安装盘，然后按下面的方法安装操作系统。

步骤 1 将 U 盘安装盘插入电脑的 USB 接口，开机并进入 BIOS，选择 Advanced BIOS Features 选项，如图 8-31 所示。

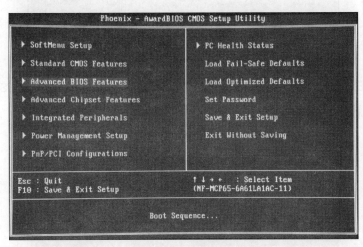

图 8-31　选择 Advanced BIOS Features 选项

步骤 2 按 Enter 键，进入下一级界面，选择 Hard Disk Boot Priority 选项，如图 8-32 所示。

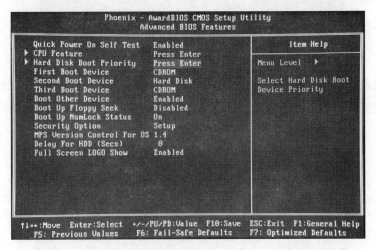

图 8-32　选择 Hard Disk Boot Priority 选项

步骤 3 按 Enter 键，进入下一级界面，选择 U 盘选项，然后按+键，把此项设为第一项，如图 8-33 所示。

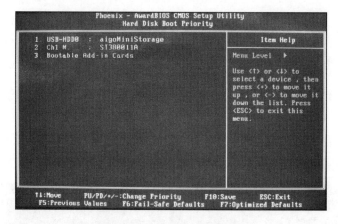

图 8-33　将 U 盘设为第一项

步骤 4 按 Esc 键，返回上一级界面，将 First Boot Device 选项设置为 USB-FDD，如图 8-34 所示。设置好后，按 F10 键保存退出，这样系统将从 U 盘启动。

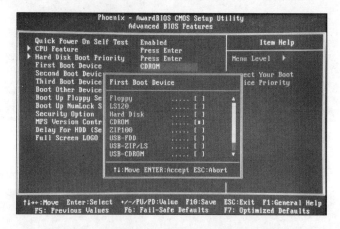

图 8-34　将 First Boot Device 设为 USB-FDD

步骤 5 电脑自动重启，接着从 U 盘启动，显示 U 盘安装盘的启动菜单后，选择安装 Windows 7 系统的选项，然后会自动进入 Ghost 程序，安装操作系统，如图 8-35 所示。

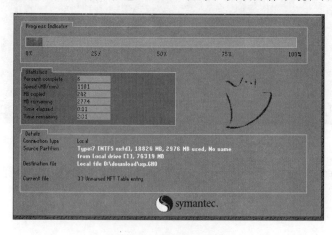

图 8-35　系统安装进度

任务小结

　　本任务向读者演示了系统安装的基本流程及硬件驱动的安装方法。在实际的工作过程中，不管是安装系统还是安装驱动程序，都可能会出现一些不常见的情况。这就需要根据平常积累的知识，认真思考，在实践中不断提升解决问题的能力。

任务 **9**

常用工具软件介绍

情景描述

　　刘宏伟是办公室的新员工，面对越来越慢的计算机，他简直气愤至极。这台慢得像蜗牛一样的计算机刚开始的时候启动很快，运行软件也很流畅，没有任何问题，但随着时间的推移，电脑的速度越来越慢。经过仔细思考后，刘宏伟觉得可能是需要重新安装系统，可是他从来没有安装过系统，不知道如何更好地为计算机做一个"未雨绸缪"的规划。在本任务中，将详细介绍 PC 在安装操作系统后，常用工具软件的安装及使用方法。

任务学习引导

安装完操作系统后，还需要安装常用工具软件，包括 Office、WPS 等办公类软件；解压缩工具 WinRAR 等应用类软件；迅雷、网际快车（FlashGet）等下载工具；以及搜狗输入法、虚拟光驱、刻录软件、超级兔子等。

下面将介绍这些常用工具软件的安装及使用方法。

要点 1　常用解压缩工具

无论是从互联网下载资源，还是从光盘安装资源，很多文件扩展名都是 RAR 及 ZIP，如果没有安装解压缩软件，这些压缩文件是无法打开的。目前比较常用的解压缩软件有 WinRAR、7-Zip、WinZip 和好压（HaoZip），其中，7-Zip 和好压是免费的，好压是国人开发的新一代压缩软件。

WinRAR 是最常用的压缩和解压缩工具，它支持鼠标拖放及外壳扩展，完美支持 ZIP 文件，内置程序可以解开 CAB、ARJ、LZH、TAR、GZ、ACE、UUE、BZ2、JAR、ISO 等多种类型的压缩文件。

要点 2　常用下载工具

在互联网高度发达的今天，从互联网下载资源是一件很平常的事情，因此一款好用的下载工具是用户迫切需要的。目前比较常用的下载工具有迅雷和网际快车等。

迅雷使用的多资源超线程技术基于网格原理，能够将网络上存在的服务器和计算机资源进行有效整合，构成独特的迅雷网络。通过迅雷网络，各种数据文件能够以最快的速度进行传送。多资源超线程技术还具有互联网下载负载均衡功能，在不降低用户体验的前提下，迅雷网络可以对服务器资源进行均衡，有效降低了服务器负载。

另一款常用的下载工具是网际快车 FlashGet，它通过把一个文件分成几个部分同时下载，可以成倍地提高速度，下载速度可以提高 100%～500%。网际快车可以创建不限数目的类别，每个类别都可指定单独的文件目录，不同的类别保存到不同的目录中。其强大的管理功能包括支持拖曳、更名、添加描述、查找、文件名重复时可自动重命名等，且在下载前后均可轻易管理文件。

要点 3 其他常用工具

（1）输入法：搜狗拼音

搜狗拼音输入法是搜狗公司推出的一款基于搜索引擎技术的新一代输入法产品。该输入法收录了很多当前的输入习惯，使用十分方便。搜狗拼音输入法界面如图9-1所示。

图9-1　搜狗拼音输入法

（2）虚拟光驱：Daemon Tools

虚拟光驱是一种模拟 CD/DVD-ROM 工作的工具软件，它可以生成与计算机上所安装的光驱功能一模一样的光盘镜像，一般光驱能做的事，虚拟光驱一样可以做到。虚拟光驱的工作原理是先虚拟出一部或多部虚拟光驱后，将光盘上的应用软件镜像存放在硬盘上，并生成一个虚拟光驱的镜像文件，然后将此镜像文件放入虚拟光驱中。当要启动此应用程序时，不必将光盘放在光驱中，也无须等待光驱的缓慢启动，只要在插入图标上轻轻单击一下，虚拟光盘就立即装入虚拟光驱中运行，快速又方便。常见的虚拟光驱有 VDM、Daemon Tools 等。

（3）刻录软件：Nero

现今，DVD 刻录机越来越普及。而一些刚刚购买了 DVD 刻录机的初级用户，对 DVD 盘片的刻录方法并不了解，往往由于误操作导致把光盘刻坏，这种事情是经常发生的。

现在常用的光盘刻录软件升级到最高版本后，都能够有效地对 DVD 刻录提供支持。众多 DVD 刻录机用户在刻录 DVD 盘片时，所选用的刻录软件基本为 Nero、Sonic 和 Windows XP 自带的这 3 种。其中，Nero 和 Sonic 是比较专业的光盘刻录软件，一般刻录机用户都选用这两款刻录软件来对光盘进行刻录，并且用户所购买的 DVD 刻录机随机赠送的也大多是这两款刻录软件。而 Windows XP 自带的光盘刻录功能，虽然在功能上没有上面两种刻录软件那么丰富，但是由于其不用安装，直接整合在操作系统上，因此也有不少用户使用。

（4）PDF 阅读器：Adobe Reader

PDF 阅读器 Adobe Reader 是一款阅读 PDF 文件和转换 PDF 文件的工具。PDF 阅读器能够将当前页面转换成图片，它支持的格式有 BMP、JPG、PNG、TIF、GIF、PCX；还能够将页面转换成文本文件，支持目录功能、热链接、文本选择和查找、打印等功能。

（5）系统辅助：超级兔子

超级兔子是一个完整的系统维护工具，它能清理操作系统中大多数的文件、注册表中的垃圾，同时还有强大的软件卸载功能，专业的卸载功能可以清理软件在计算机内的所有记录。

操作与实训

常用工具软件的使用和安装是工作和学习中必须掌握的。通过本次实训操作，读者可以学会几种常用工具软件的安装及使用方法。

实训 1
WinRAR 软件的安装及使用

WinRAR 是一个强大的文件压缩管理软件。它能减小文件的大小，使文件占用更少的存储空间，方便发送电子邮件。WinRAR 可解压缩从 Internet 上下载的 RAR、ZIP 和其他格式的压缩文件，并能创建 RAR 和 ZIP 格式的压缩文件。下面将介绍 WinRAR 的安装方法及常用的操作。

1. WinRAR 的安装方法

步骤 1 双击 WinRAR.exe 安装文件，安装界面如图 9-2 所示。

步骤 2 选择安装路径，单击【安装】按钮。安装进度如图 9-3 所示。

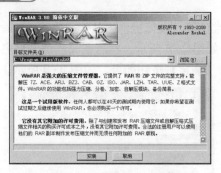

图 9-2 WinRAR 安装界面

图 9-3 安装进度

步骤 3 安装完成后，单击【确定】按钮，如图 9-4 所示，最后单击【完成】按钮，如图 9-5 所示。

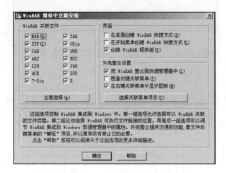

图 9-4 选择关联文件

图 9-5 安装完成

2. WinRAR 的常用操作

（1）解压缩文件

如果想要解压"winrar 测试.rar"文件，操作方法为：右击"winrar 测试.rar"压缩文件，在快捷菜单中选择【解压文件】命令，如图 9-6 所示，打开【解压路径和选项】对话框。其中，【目标路径（如果不存在将被创建）】文本框可设置解压缩后的文件存放在磁盘上的位置，单击【确定】按钮即可，如图 9-7 所示。

图 9-6 选择【解压文件】命令　　　　图 9-7 【解压路径和选项】对话框

（2）压缩文件（打包文件）

如果想要对"winrar 测试.doc"文件进行标准压缩，具体操作方法为：右击"winrar 测试.doc"文件，选择【添加到压缩文件】命令，如图 9-8 所示。然后在【压缩文件名和参数】对话框中设置"压缩文件名"等参数，单击【确定】按钮即可，如图 9-9 所示。

图 9-8 选择【添加到压缩文件】命令　　　　图 9-9 【压缩文件名和参数】对话框

（3）压缩成 ZIP 格式

在【压缩文件名和参数】对话框的【压缩文件格式】选项组中选择 ZIP，即可将上述 DOC 文件压缩成 ZIP 通用格式文件，如图 9-10 所示。

 提 示

一般文件压缩成 RAR 格式后比压缩成 ZIP 格式占用空间更小。

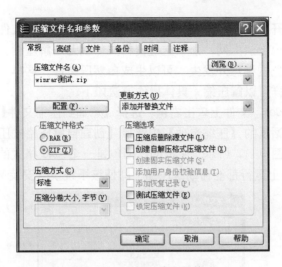

图 9-10 选择压缩文件格式

（4）存储压缩（最快的打包方法）

有些类型的文件本身是以压缩格式存储的，很难再进行无损压缩，如 JPG 图像文件和音频视频文件。在【压缩文件名和参数】对话框的【压缩方式】中选择【存储】，可大大节省压缩时间，如图 9-11 所示。例如，硬盘上有 1000 个 JPG 照片文件，共约 500MB，标准压缩花费超过 10min 仅能压缩到 495MB，存储压缩不用 2min 可将这么多文件变成一个 500MB 的文件。所以，当需要传输大量很难再进行无损压缩的文件时，可考虑"存储"打包成一个文件后再传输。

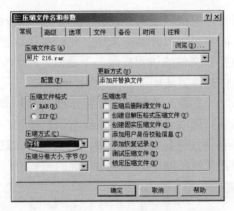

图 9-11 选择压缩方式

提 示

压缩方式有以下 6 种可供选择：存储（不压缩）、最快、较快、标准（默认）、较好、最好（压得最小），一般情况下选择默认的"标准"压缩即可。存储压缩方式上面已经介绍了，其他几种压缩方式，用户可以根据具体情况来选择使用，压缩得越快，压缩文件的压缩比例就越小？反之则越大。如果用户的存储空间比较有限，可以选择【最好】选项，用压缩时间来换取存储空间。

（5）创建自解压格式压缩文件

有时，在一些特殊的应用场合需要用到自解压格式，比如，在给客户演示产品时，需要在客户的机器上打开产品资料文件，而产品资料是经过压缩的文件。如果客户的机器上没有安装压缩软件，也无法上网，那么这些资料文件就无法解压缩，将给工作带来一定的麻烦。所以，为了避免这种意外发生，可以生成自解压文件。这样，即使客户的机器上没有装压缩软件，也一样可以解压缩。具体操作方法如下。

　　在"winrar 测试.doc"文件上单击右键，选择【添加到压缩文件】命令，在打开的【压缩文件名和参数】对话框的【压缩选项】中选择【创建自解压格式压缩文件】复选框，单击【确定】按钮，如图 9-12 所示。生成的压缩包是一个 .exe 格式的可执行文件，此文件在任何 Windows 系统上运行都能自动解压缩，即使该系统没有安装 WinRAR 程序。

图 9-12　创建自解压格式文件

（6）加密压缩文件

　　有时需要对文件进行一定的权限控制，例如，学校 FTP 服务器上放置了一些开发文档，希望只有软件开发小组的同学可以打开这些文档。此时可将这些文档打包成压缩文件并添加密码，这样就可以有效控制文件的访问权限。下面以"winrar 测试.doc"文件来说明如何生成加密压缩文件，具体操作方法如下。

　　右击"winrar 测试.doc"文件，选择【添加到压缩文件】命令，在打开的【压缩文件名和参数】对话框的【高级】选项卡中单击【设置密码】按钮，如图 9-13 所示。在打开的如图 9-14 所示的【带密码压缩】对话框中输入两次密码，这样就完成了对文件的加密操作，生成的压缩文件要正常解压缩，必须输入正确的密码。

图 9-13　单击【设置密码】按钮　　　　　　图 9-14　【带密码压缩】对话框

（7）文件分割

有时需要将一个大文件分割成小文件以方便传输，比如要将大小为 49MB 的 100 张 JPG 格式照片压缩后通过电子邮箱发送，而该邮箱仅支持 12MB 大小的附件，如果将这些照片分别添加到附件中发送是非常麻烦的，若将该文件分割为大小为 10MB 的小文件，这样既可以使用邮箱传输，也不会很麻烦。具体操作方法如下。

步骤 1 选择"照片"文件夹，右击并选择【添加到压缩文件】命令，如图 9-15 所示。

图 9-15　选择【添加到压缩文件】命令

步骤 2 在弹出的【压缩文件名和参数】对话框中选择【存储】压缩方式并在【压缩分卷大小，字节】下拉列表框中输入"10m"，单击【确定】按钮，如图 9-16 所示。

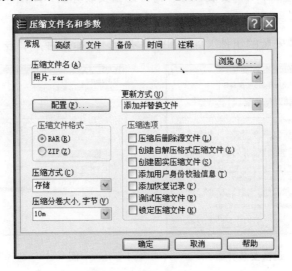

图 9-16　输入分卷大小

最后，WinRAR 将会生成 5 个压缩包，大小依次为 10MB、10MB、10MB、10MB、9MB，这样就可以通过邮箱发送了。分卷压缩完成后如图 9-17 所示。

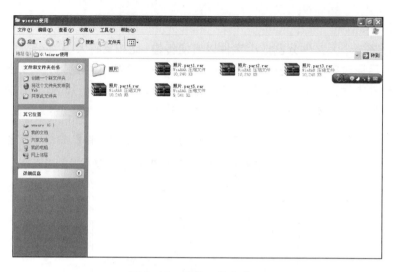

图 9-17　分卷压缩完成后

解压文件时，只需要把分卷放在同一个文件夹下解压即可。

实训 2

迅雷的安装及使用

迅雷是比较常用的一款下载软件。下面将介绍迅雷5的安装及使用技巧。

1. 迅雷 5 的安装

步骤 1　双击 Thunder5.exe 安装程序，打开迅雷安装界面，如图 9-18 所示，单击【是】按钮。

步骤 2　选择需要安装的组件，如图 9-19 所示。选择完后，单击【下一步】按钮。

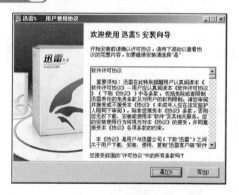

图 9-18　迅雷安装界面

图 9-19　选择安装组件

步骤 3　进入【百度工具栏 轻松搜索，拦截广告！】界面，选择是否安装插件，如图 9-20 所示，单击【下一步】按钮。

步骤 4　完成迅雷5的安装。安装完成界面如图 9-21 所示。

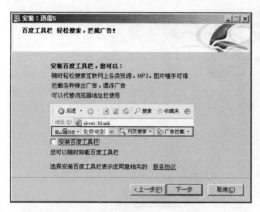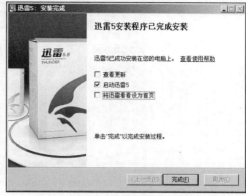

图 9-20　选择安装的插件　　　　　　　图 9-21　安装完成

2. 使用迅雷下载文件的方法

方法一：单击【新建】按钮，打开【建立新的下载任务】对话框，如图 9-22 所示。输入资源地址，并通过【浏览】按钮选择合适的存储路径，修改【文件名称】文本框的内容，对下载文件"重命名"，最后单击【立即下载】按钮。

图 9-22　【建立新的下载任务】对话框

方法二：在下载链接上单击右键，选择【使用迅雷下载】命令（有的下载地址为迅雷专用，直接单击即可）。

方法三：在迅雷主界面的搜索资源框中输入想要下载的资源名称，单击【搜索】按钮，再在新的资源列表页面中选择相应的资源链接，单击下载按钮即可。在弹出的【建立新的下载任务】对话框中选择保存目录，修改文件名称，最后单击下方的【立即下载】按钮，返回迅雷主界面，可看到在【正在下载】界面中新增了一个下载任务，如图 9-23 所示。

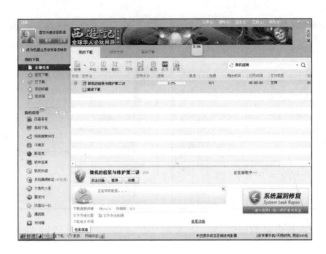

图 9-23　下载任务

<table><tr><td>实训</td><td>3</td></tr></table>

超级兔子的安装及使用

超级兔子是一款具有查看硬件信息、优化系统设置、改变启动顺序等功能的优化软件。下面介绍超级兔子的安装及使用方法。

1．超级兔子的安装

步骤 1　下载并安装超级兔子软件，双击安装文件。超级兔子安装界面如图 9-24 所示。

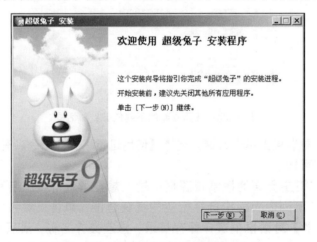

图 9-24　超级兔子安装界面

步骤 2　单击【下一步】按钮，出现选择安装组件的界面，如图 9-25 所示。其中，IE 守护天使是超级兔子自带的一款 IE 辅助工具，可以保护 IE 使其不被非法软件篡改。

步骤 3　单击【下一步】按钮，进入选择软件安装目录的界面，选择自定义安装目录。如果不选择，则按默认安装目录安装。单击【安装】按钮后，开始安装软件，安装完成后单击【完成】按钮，完成超级兔子的安装。安装完成界面如图 9-26 所示。

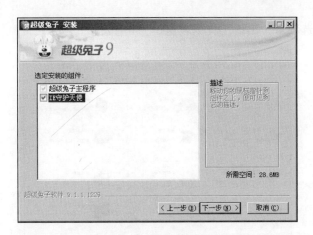

图 9-25　选择插件

图 9-26　安装完成

2. 超级兔子的使用

当超级兔子安装完成后，双击【超级兔子】图标，打开的主界面会显示一些常用功能，如查看硬件信息，内存整理，CPU、内存性能测评等。超级兔子主界面如图 9-27 所示。

图 9-27　超级兔子主界面

单击【工具】选项卡，出现工具列表窗口，如图 9-28 所示。

图 9-28　工具界面

首先需要查看当前机器的配置信息，单击【硬件天使】按钮。打开【硬件天使启动中】提示框，如图 9-29 所示。

图 9-29　正在打开硬件天使

在【硬件天使】窗口中，可以查看系统硬件信息，如图 9-30 所示。

图 9-30　【硬件天使】窗口

单击【硬件评测】选项卡，可以测试 CPU 和内存的性能，先在左侧选择 CPU，再单击【开始测试】按钮。硬件测试界面如图 9-31 所示。

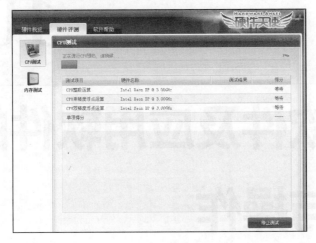

图 9-31 硬件测试界面

在本任务中，为初学者量身定制了常用工具软件的安装及使用方法。相信有了这些知识为辅导，初学者一定可以在重装系统时得心应手。

办公软件及应用软件的安装与操作

情景描述

　　技术员李小虎的技术堪称一流，总是赢来领导和大家的好评。他干活干脆利落，从来都一丝不苟。这不，他又去给新员工的电脑安装软件了，看着新员工满意的笑容，就知道李小虎又干了一件漂亮的活。那么到底给办公电脑装什么软件才能算是一个"漂亮"的活呢？在本任务中，我们就给大家介绍一般的办公用计算机需要安装的软件。

任务学习引导

要点 1　常用办公软件安装

计算机技术开发的最终目的是应用，应用软件是计算机系统社会价值的最终体现。应用软件一般可分为两大类：通用应用软件和专用应用软件。通用应用软件广泛地应用于各个领域，如 Word 文字处理、Excel 电子表格等就是通用应用软件。

Microsoft Office 是常用的办公套装软件，通常包括以下组件：Word、Excel、PowerPoint、Access 等。Microsoft Office 办公套装软件已成为现代办公不可缺少的重要组成部分，是办公人员的得力工具。下面以 Office 2003 为例，详细介绍常用办公软件的安装过程。

步骤 1　将 Office 2003 安装光盘放入光驱，安装程序会自动运行（如果光驱的自动播放功能被关闭，可进入安装光盘目录，找到 setup.exe 文件并双击），显示 Office 2003 安装界面，如图 10-1 所示。

图 10-1　Office 2003 安装界面

步骤 2　选择【安装 Office 2003 组件】，接着会出现【产品密钥】界面，输入产品的序列号，如图 10-2 所示。

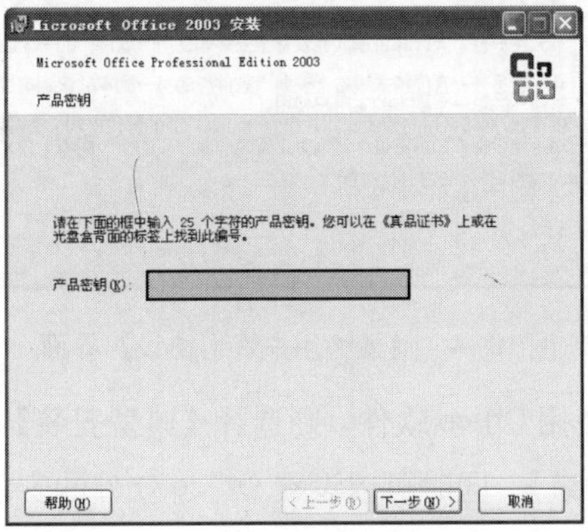

图 10-2　【产品密钥】界面

步骤 3 正确输入产品密钥后，进入【用户信息】界面，输入用户信息后，单击【下一步】按钮，如图10-3所示。

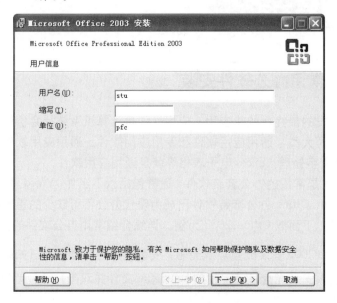

图10-3 【用户信息】界面

步骤 4 在【最终用户许可协议】界面中勾选【我接受《许可协议》中的条款】复选框，如图10-4所示，再单击【下一步】按钮。

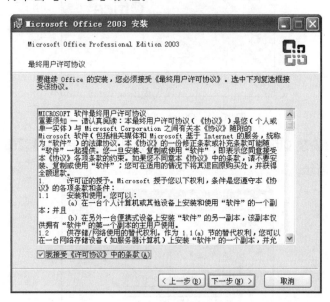

图10-4 【最终用户许可协议】界面

步骤 5 如果是第一次使用Office软件，则选择【典型安装】；如果对安装组件有一定的选择，则可选择【自定义安装】，同时可以设置Office软件的安装路径。这里选择【自定义安装】，如图10-5所示，然后单击【下一步】按钮。

图 10-5　选择安装类型

步骤 6 进入【自定义安装】界面，在其中可以对 Office 组件进行选择，如平常使用最多的 Word、Excel 和 PowerPoint，其他不常用的可不选（以后需要时可启动 Office 修复程序进行安装），如图 10-6 所示。

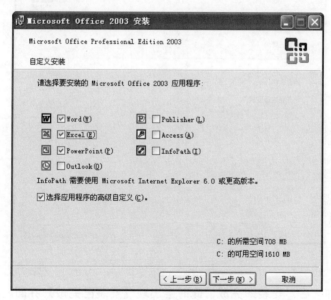

图 10-6　选择安装项目

步骤 7 单击【安装】按钮，开始安装选择的 Office 组件，如图 10-7 所示。

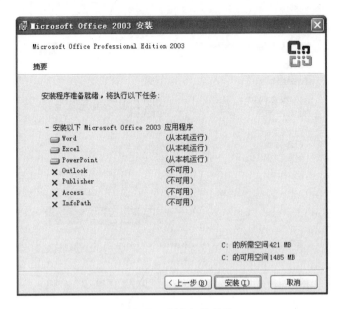

图 10-7　确认安装项目

步骤 8 复制新文件等过程需要几分钟的时间，安装界面如图 10-8 所示。

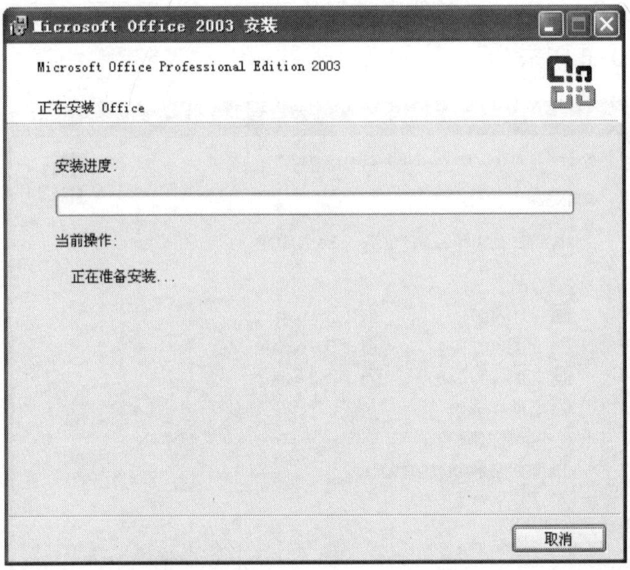

图 10-8　安装界面

步骤 9 几分钟之后，安装即完成，此时会出现【安装已完成】界面，如图 10-9 所示。单击【完成】按钮，完成 Office 2003 的安装。

步骤 10 选择【开始】|【程序】|Microsoft Office|Microsoft Office Word 2003 菜单命令，即可启动 Word 程序。

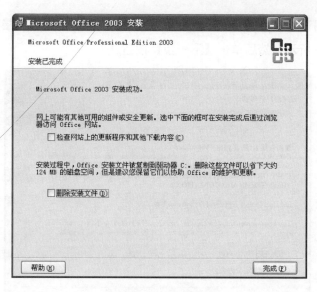

图 10-9　安装完成

　注　意

　　一般地，安装 Office 2003 时，在最后一步要求重新启动计算机，这样才能使 Office 的各种设置生效。

要点 2　常用杀毒软件安装

　　一台计算机上一般不要安装多款杀毒软件。下面以 NOD32 为例，详细介绍常用杀毒软件的安装。

步骤 1　网上下载或购买正版 NOD32 杀毒软件安装包，打开文件夹，双击 setup.exe 文件，开始执行安装操作，如图 10-10 所示，单击【下一步】按钮。

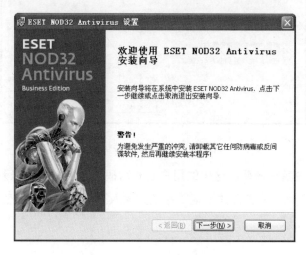

图 10-10　NOD32 安装界面

步骤 2 仔细阅读【最终用户许可协议】界面中的内容，选择【我接受许可协议】单选按钮，如图 10-11 所示，然后单击【下一步】按钮。

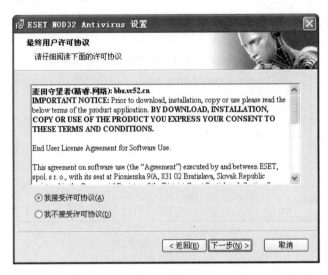

图 10-11 【最终用户许可协议】界面

步骤 3 选择安装模式。一般用户选择【典型（推荐的最佳设置）】即可，自定义安装可以满足一些专业人士和有特殊需求的用户，需要一些专业知识来设置杀毒软件。在这里建议选择【典型（推荐的最佳设置）】，然后单击【下一步】按钮，如图 10-12 所示。

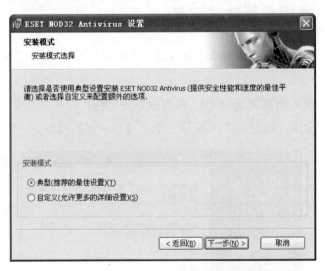

图 10-12 选择安装模式

步骤 4 输入用户名和密码。这里的用户名和密码是杀毒软件用来升级病毒库用的，如果用户名和密码不正确，病毒库是不能更新的。输入正确的用户名和密码，单击【下一步】按钮，如图 10-13 所示。

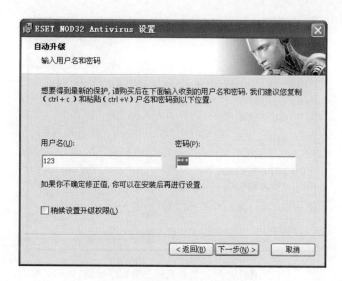

图 10-13　输入用户名和密码

步骤 5 选择是否启用预警系统。如果要启用预警系统，勾选【启用 ThreatSense.Net 预警系统】复选框。如果用户有需求定制杀毒软件，可以单击【高级设置】按钮，设置完成后单击【下一步】按钮，如图 10-14 所示。

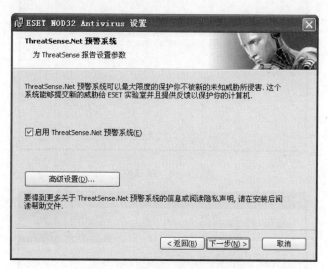

图 10-14　设置是否启用预警系统

步骤 6 选择是否启动恶意程序检测系统。选择该项会对系统性能有所影响，但会提高系统安全性，用户可按照自己需求来选择，选择完成后单击【下一步】按钮，如图 10-15 所示。

步骤 7 单击【安装】按钮，如图 10-16 所示。

步骤 8 开始安装程序，安装过程如图 10-17 所示。

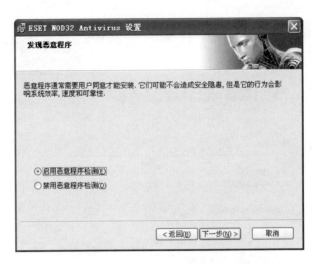

图 10-15　是否启用恶意程序检测

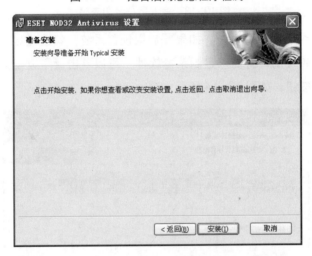

图 10-16　确认安装

图 10-17　安装进度

步骤 9 安装完成后，单击【完成】按钮，结束此次安装，如图 10-18 所示。

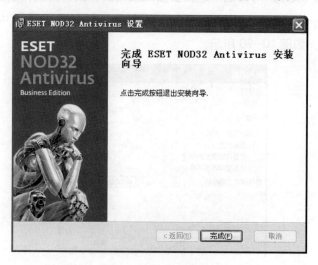

图 10-18 安装完成

通过下面的实训，用户可熟练使用常用办公软件和杀毒软件。

实训 1 办公软件典型应用

我们经常在文档中看见样式很漂亮、结构很复杂的表格，那它们是怎么做出来的呢？下面介绍利用 Word 插入表格的方法。

1. 用菜单命令插入表格

步骤 1 启动 Word 程序，选择【表格】|【插入】|【表格】菜单命令，如图 10-19 所示。

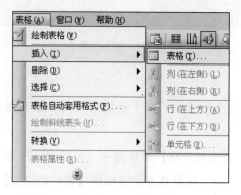

图 10-19 选择【表格】菜单命令

步骤 2 在【插入表格】对话框中选择要插入表格的行数和列数，以及表格其他的一些属性。比如要插入一个 2 行 5 列的表格，在【行数】和【列数】文本框中分别输入 2 和 5，单击【确定】按钮，如图 10-20 所示。

图 10-20 【插入表格】对话框

步骤 3 这样就成功插入了一个 2 行 5 列的表格，如图 10-21 所示。

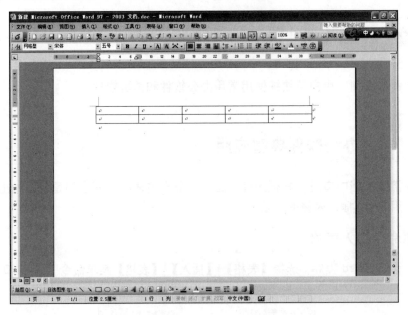

图 10-21 插入的表格

2．绘制表格

下面介绍如何绘制一个 5 行 4 列、第 1 行的第 1 列和第 2 列合并、套用【列表型 1】样式的表格，具体操作如下。

步骤 1 选择【表格】|【绘制表格】菜单命令，如图 10-22 所示。

步骤 2 鼠标会变成铅笔状，在屏幕左上方出现【表格和边框】工具栏，如图 10-23 所示。可在其中选择相应的绘制线条、颜色、粗细等绘制表格的参数。

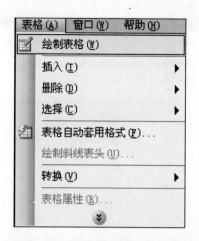

图 10-22　【绘制表格】菜单命令

图 10-23　【表格和边框】工具栏

步骤 3 选择好画笔粗细、颜色及边框粗细样式等后，就可以在页面上使用画笔绘制表格了，先绘制一个表格边框，如图 10-24 所示。

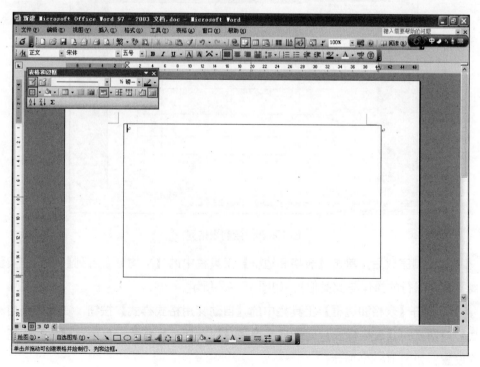

图 10-24　绘制表格边框

步骤 4 根据要求绘制表格的行数，如图 10-25 所示。

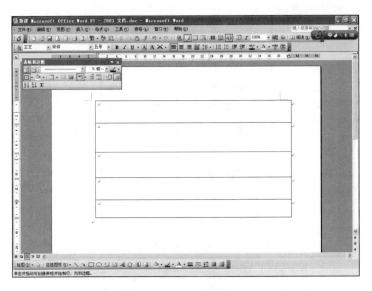

图 10-25　绘制表格行

步骤 5 使用画笔绘制表格列，如图 10-26 所示。在绘制时，列间距离不均匀没有关系，可以在绘制完成后再调整。

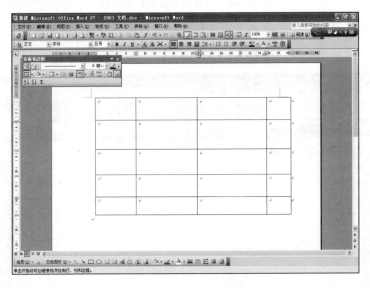

图 10-26　绘制表格列

步骤 6 绘制完成后，单击【表格和边框】工具栏中的【平均分布各列】按钮，实现列间距离平均化（行的操作与此类似），如图 10-27 所示。

步骤 7 单击【表格和边框】工具栏中的【自动套用格式样式】按钮，在【表格自动套用格式】对话框的【表格样式】列表框中选择【列表型 1】样式，单击【确定】按钮，完成样式设置，如图 10-28 所示。

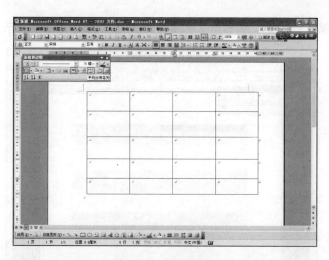

图 10-27　调整列宽

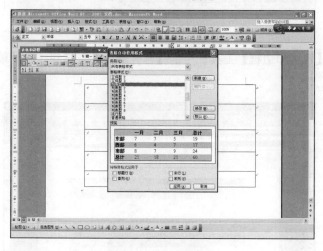

图 10-28　套用格式

步骤 8 套用格式完成后的表格如图 10-29 所示。

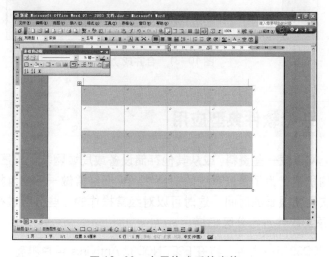

图 10-29　套用格式后的表格

步骤 9 选中第 1 行的第 1 列和第 2 列 2 个单元格，如图 10-30 所示。

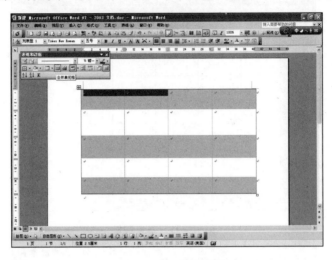

图 10-30　选中单元格

步骤 10 单击【表格和边框】工具栏中的【合并单元格】按钮，实现单元格的合并操作，如图 10-31 所示。

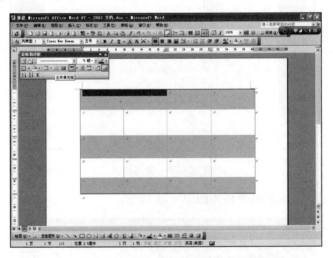

图 10-31　合并成功

实训 2　杀毒软件典型应用

大家经常会上网下载一些资料，或从其他存储设备或局域网其他机器上复制一些资料，这样经过长时间的积累，为了保证系统的安全性，需要经常做一下全盘扫描。有时硬盘很大，全盘扫描一次需要很长的时间，这时可以对经常操作的一些分区进行扫描。下面介绍如何利用 NOD32 杀毒软件进行分区扫描。

步骤 1 双击 NOD32.exe 文件，打开 ESET NOD32 Antivirus 用户界面，如图 10-32 所示。

图 10-32　ESET NOD32 Antivirus 用户界面

步骤 2 单击【扫描】选项，选择【定制扫描】，在【定制扫描】对话框中，选择需要扫描的分区。注意要先在【扫描目标】下拉列表框中选择【无选择】，再选择需要扫描的盘符，勾选相应的复选框即可，如图 10-33 所示。

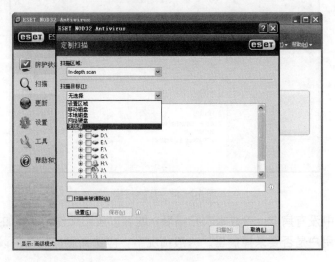

图 10-33　【定制扫描】对话框

步骤 3 单击【设置】按钮，弹出【ThreatSense 引擎参数参数设置】对话框，如图 10-34 所示。在此对话框中，可以完成一些扫描过程中的高级操作，建议大家不要随意更改此选项内容，然后单击【确定】按钮。

步骤 4 所有设置和扫描的盘符选择完毕后，单击【扫描】按钮，开始执行定制扫描，如图 10-35 所示。

图 10-34　扫描参数设定

图 10-35　开始扫描

　　如果计算机中没有病毒，完成本次扫描后，就可以放心地使用了。如果扫描到了病毒，杀毒软件会提示用户是否要杀掉病毒。一般情况下，应选择删除病毒，以保证有一个干净的操作系统。

　　本任务给大家介绍了办公电脑常用的办公软件及杀毒软件，并介绍如何安装和设置这些软件。学会了这些知识，相信你也能在给别人装办公电脑系统与常用软件时得到赞美之声。

双系统的安装

情景描述

张云是一位系统开发人员，经常用到 Linux 系统的各种服务，但也经常会用到 Windows XP 系统，所以他希望在自己的计算机中存在两种系统，但又不知道如何操作。为此，本任务介绍双系统的安装方法。

任务学习引导

要点 1 Windows 系统分区策略

分区就是给硬盘划分段落，硬盘分区一共有 3 种：主分区、扩展分区和逻辑分区。在 Windows 分区中，每个分区都有对应的盘符，如 C 盘、D 盘、E 盘、F 盘等。这些分区看起来都好像是一块独立的硬盘。

在一块硬盘上最多只能有 4 个主分区。另外建立一个扩展分区来代替 4 个主分区的其中一个，然后在扩展分区下建立更多的逻辑分区。扩展分区是逻辑分区的容器，实际只有主分区和逻辑分区进行数据存储。

Windows 自带的分区程序 fdisk 只能定义一个主分区，所以在 Windows 中只能定义一个主分区、一个扩展分区和扩展分区下更多的逻辑分区。如果想要使用更多的主分区，必须在 Linux 下进行分区。

在计算机上安装 Windows 和 Linux 两个操作系统至少需要两个分区。原因是不同的操作系统采用不同的文件系统。如果两个操作系统都支持相同的文件系统，为了避免在一个分区下有相同的系统目录，通常也将两个系统安装在不同的磁盘分区中。

以在 160GB 的硬盘上安装双系统为例，划分为 C、D、E、F 共 4 个分区，各分区的大小及用途如下。

- C 区：30GB，安装 Windows XP 系统。
- D 区：30GB，安装 Linux 系统。
- E 区：50GB，存储数据文件。
- F 区：50GB，存储数据文件。

提 示

一般都将 Windows XP 安装在 C 盘，而将 Linux 安装在 D 盘。另外，要实现 Windows XP 与 Linux 的双系统共存，应当先安装 Windows XP 系统，然后安装 Linux 系统，因为 Linux 能够识别出上述系统并建立多系统引导菜单。如果颠倒了安装的顺序，将导致 Windows XP 无法正常使用。

要点 2 Linux 系统分区策略

一块硬盘可以分为一个主分区和若干个扩展分区（逻辑分区），而在 Linux 下没有盘符的概念，它本身又有更多的分区，如根分区（/）和交换分区 swap。系统只有从根目录往下一层层的目录，一个盘可以有多个目录，一个目录也可能会跨多个盘。

Linux swap 是 Linux 中一种专门用于交换分区的 swap 文件系统。Linux 使用该整个分区作为交换空间。一般地，这个 swap 格式的交换分区是主内存的 2 倍。在内存不够时，Linux 会将部分数据写到交换分区上。

Linux 文件系统分为 Ext2 和 Ext3 两种。其中，Ext2 是 GNU/Linux 系统中标准的文件系统。这是 Linux 中使用最多的一种文件系统，它是专门为 Linux 设计的，拥有极快的速度和极小的 CPU 占用率。

Ext3 是 Ext2 的下一代，它在保留 Ext2 格式的基础上增加了日志功能。Ext3 是一种日志式文件系统，其最大的特点是：它会将整个磁盘的写入动作完整地记录在磁盘的某个区域上，以便有需要时回溯追踪。当在某个过程中断时，系统可以根据这些记录直接回溯并重整被中断的部分，且重整的速度相当快。该分区格式被广泛应用在 Linux 系统中。

操作与实训

实训 1

安装 Windows XP 系统

安装 Windows XP 系统的具体操作步骤如下。

步骤 1 将计算机启动顺序设置成从光盘启动并保存。接通计算机电源，在开机画面中按 Delete 键进入 BIOS 系统，用键盘上的左右方向键将光标移至 Boot 菜单，如图 11-1 所示。

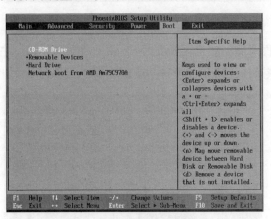

图 11-1 设置从光盘启动

步骤 2 在 Boot 菜单中，用键盘上的上下方向键将 CD-ROM Drive 项移至首位，按 F10 键，然后在弹出的对话框中选择 Yes，保存并退出，如图 11-2 所示。

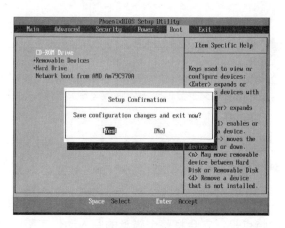

图 11-2　保存 BIOS 设置

步骤 3　保存并退出后，计算机会自动重新启动，将 Window XP 安装光盘放入光驱，计算机将从光盘引导进入安装程序界面，按 Enter 键，如图 11-3 所示。

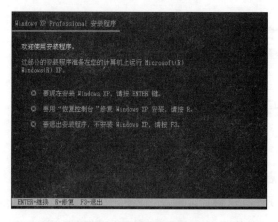

图 11-3　选择安装程序

步骤 4　选择安装程序后，将出现 Windows XP 许可协议界面。按 F8 键，同意以上协议内容，继续安装，如图 11-4 所示。

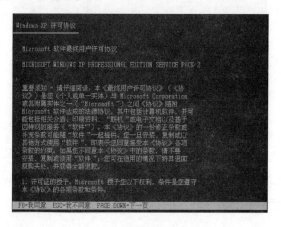

图 11-4　同意协议

步骤 5 在安装程序界面中显示硬盘大小，按 C 键进行硬盘分区规划，如图 11-5 所示。

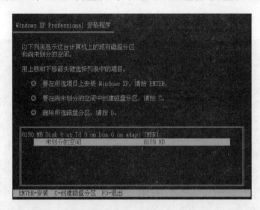

图 11-5 进行分区

步骤 6 分区规划好后，确定将系统安装到一个分区中。用上下方向键将光标移至 C 盘的位置，按 Enter 键，确认将系统安装到 C 盘，如图 11-6 所示。

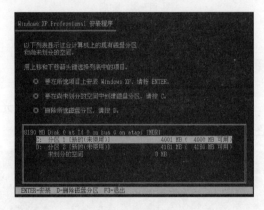

图 11-6 选择分区

步骤 7 设置好安装分区后，安装程序将自动对该分区进行格式化并进入文件复制阶段，如图 11-7 所示。

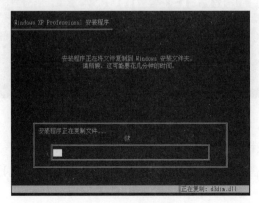

图 11-7 复制安装文件

步骤 8 系统复制完成后会自动重新启动计算机，如图 11-8 所示。待计算机进行第二次重新启动后进入 Windows XP 系统，安装完成。

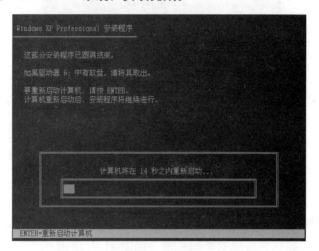

图 11-8　重启

实训 2　安装 Linux 系统

步骤 1 在安装之前，先设置由光盘引导系统，放入 Linux 安装光盘并重新启动计算机，引导进入安装界面，如图 11-9 所示。

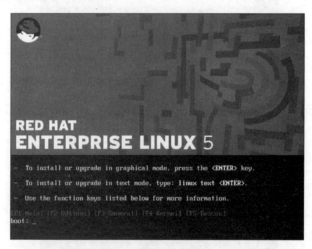

图 11-9　Linux 安装引导

步骤 2 单击 Next 按钮，如图 11-10 所示。

步骤 3 选择安装语言。选择【Chinese（Simplified）（简体中文）】，如图 11-11 所示，单击 Next 按钮。

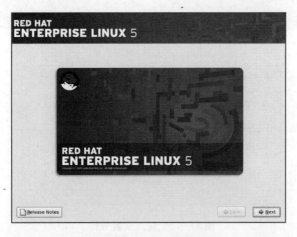

图 11-10　Linux 安装向导

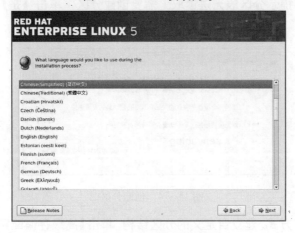

图 11-11　选择安装语言

步骤 4　选择所用的键盘模式。选择【美国英语式】，单击【下一步】按钮，如图 11-12 所示。

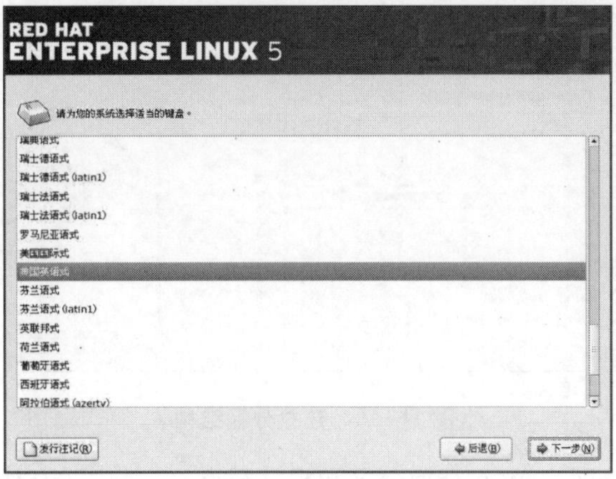

图 11-12　选择键盘模式

步骤 5 系统进行分区格式化。首先输入安装号码，然后单击【确定】按钮，如图 11-13 所示。

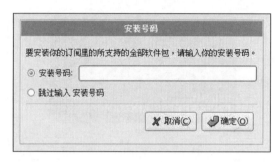

图 11-13 输入安装号码

步骤 6 安装程序提示分区表无法读取，需要创建分区，单击【是】按钮，如图 11-14 所示。

图 11-14 创建分区

步骤 7 选择分区方式。建立自定义的分区结构，单击【高级存储配置】按钮，如图 11-15 所示。

图 11-15 建立分区结构

步骤 8 创建两个分区：swap 交换分区和根挂载点／。其中，交换分区的大小是物理内存的 2 倍，如图 11-16 所示。

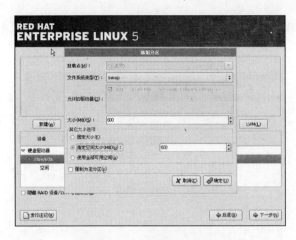

图 11-16 创建两个分区

步骤 9 创建根挂载点。在【挂载点】下拉列表框中选择/，然后单击【确定】按钮。挂载点是 Linux 的最基本分区，必须有挂载点才可以安装 Linux 系统。图 11-17 所示为创建根挂载点的设置对话框。

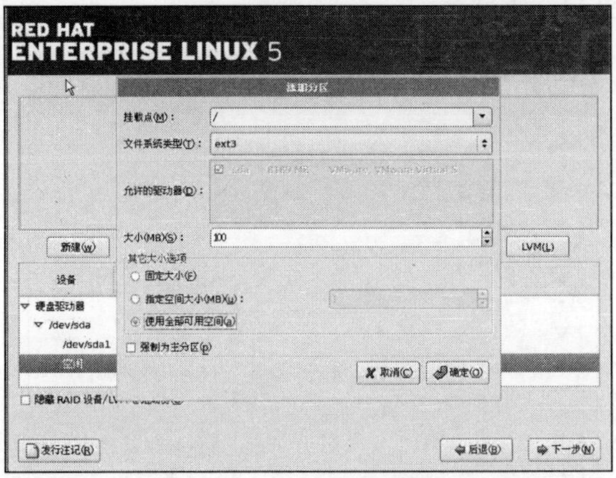

图 11-17 创建根挂载点

步骤 10 单击【下一步】按钮，完成分区操作。创建完毕的分区如图 11-18 所示。

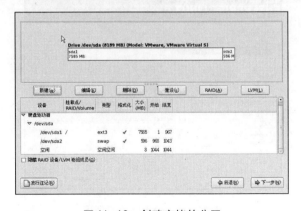

图 11-18 创建完毕的分区

步骤 11 选择 GRUB 引导程序的安装位置，保持默认选项即可，单击【下一步】按钮，如图 11-19 所示。

图 11-19　选择安装位置

步骤 12 网络设置。输入本地局域网分配给本机的 IP 地址、网关和 DNS，单击【下一步】按钮，如图 11-20 和图 11-21 所示。

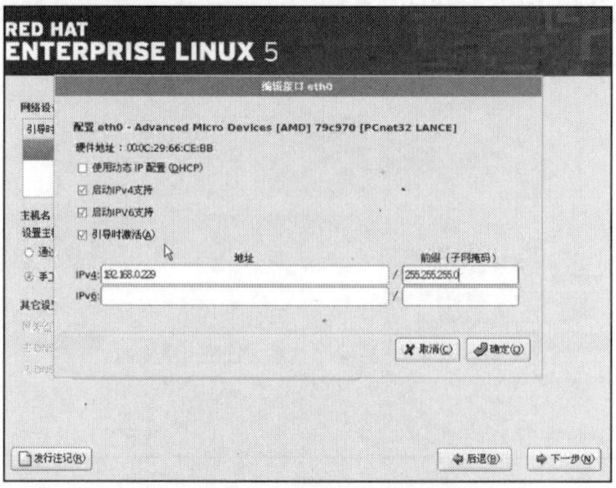

图 11-20　输入 IP 地址

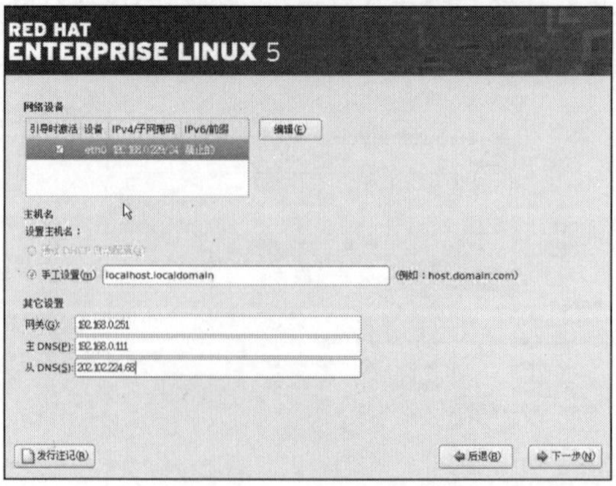

图 11-21　输入网关和 DNS

步骤 13 时区选择。选择亚洲时区，单击【下一步】按钮，如图 11-22 所示。

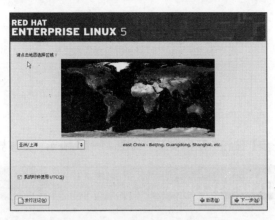

图 11-22　选择时区

步骤 14 创建 Root 账号的密码。建立一个自己的账户，单击【下一步】按钮，如图 11-23 所示。

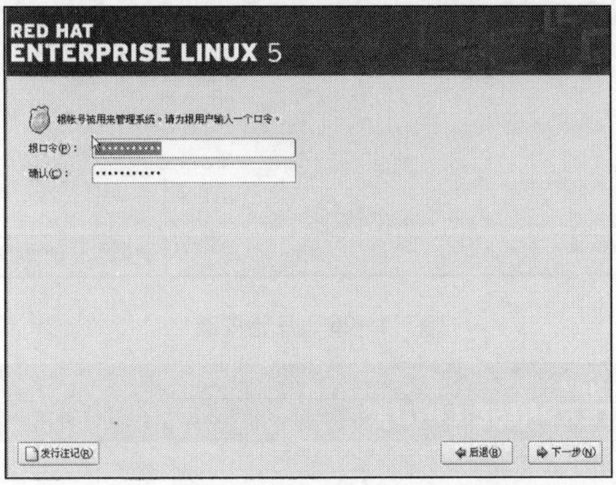

图 11-23　创建 Root 账号的密码

步骤 15 选择安装组件，然后单击【下一步】按钮，如图 11-24 所示。

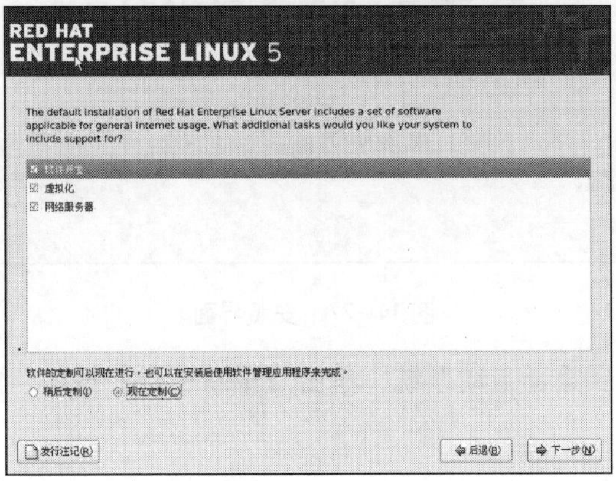

图 11-24　选择安装组件

步骤 16 检测软件依赖关系，如图 11-25 所示。

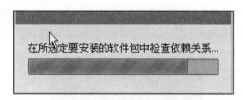

图 11-25 检测软件依赖关系

步骤 17 单击【下一步】按钮，开始安装，如图 11-26 所示。安装界面如图 11-27 所示。

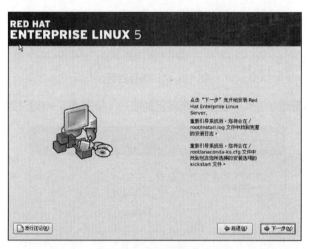

图 11-26 开始安装

图 11-27 安装界面

步骤 18 安装完毕需要重新启动系统，单击【重新引导】按钮，如图 11-28 所示。

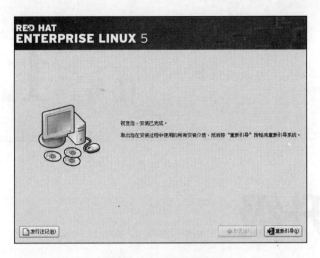

图 11-28　安装完毕

　　至此，双系统安装完毕，接下来便可以体验双系统带来的便利。因为是双系统，开机
启动的时候可以看到选择菜单中有两个系统引导菜单，如图 11-29 所示。

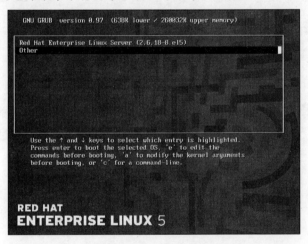

图 11-29　双系统引导

　　本任务专门为需要安装双系统的用户量身定制了一个在实际工作中安装双系统的实
训。如果是相同类型的操作系统，双系统的安装需要注意系统之间的版本高低，先安装低
版本的系统，再安装高版本的系统，因为高版本的系统能兼容低版本系统的引导文件，不
会造成系统引导文件被覆盖而无法启动系统。

硬件升级

情景描述

　　叶瑞清是一个 DIY 发烧友，从买计算机那天起，他就开始学习计算机硬件的相关知识。几年下来，他在周围的朋友中算是一个小有名气的"专家"，说起硬件的配置和型号，头头是道。他不断对自己的计算机进行升级，速度快得让人羡慕不已。通过本任务的学习，你也可以轻松升级自己的计算机硬件。

 要点 1

硬件升级前的准备工作

1．软件维护准备

① 备份资料。如果只是处理部分磁盘分区，可将需要的内容备份到另外的分区中。如果需要对整个磁盘进行处理（如更换），则必须将要保存的内容复制到移动硬盘或别的磁盘中。

② 记录原系统的工作状态。记录下原系统的网络设置（域名、工作组、IP、网关等），有些使用代理服务器的 QQ、股票软件等的端口设置参数；使用电驴的用户还要记录好高速通道的端口号。总之，应仔细检查安装软件的设置情况，并加以记录。

③ 记录用户账户和用户密码，如 ADSL 账户及密码。

④ 保存收藏夹。在 Documents and Settings（一般在 C 盘）文件夹中，对应用户名文件夹下的"收藏夹"。

⑤ 检查原系统的驱动。可使用"硬件精灵"之类的软件查看硬件的型号，并准备好相应的驱动程序。

总的来说，软件维护准备的重点是备份资料。

2．硬件维护准备

① 牢记原机的连接位置和连接方式。打开机箱后，先仔细观察主机内部的部件连接方式，特别是品牌机，有一些附件的安装位置必须记住以便复原。

② 准备好工具。硬件维护常用的工具有十字螺丝刀、一字螺丝刀、尖嘴钳、毛刷（最好有吹尘器）。能有多种工具头的工具套装就更好了。工具套装如图 12-1 所示。

皮老虎也是升级维护时的一个重要工具，经过长时间的使用，计算机机箱内部聚集了大量的灰尘，如果不及时去除，轻则影响计算机性能，严重的时候可能会造成计算机散热不好，元器件过热，导致频繁死机。图 12-2 所示为皮老虎。

图 12-1　工具套装

图 12-2　皮老虎

提 示

拆除原有的配件时，一定要记住原安装方式，以便快速还原，防止升级失败，不能正常还原。

要点 2 硬件升级注意事项

品牌计算机随着技术的发展和市场的成熟，已经慢慢地被大部分消费者所认可。特别是近几年，品牌计算机的价格不断走向平民化。由于价格的降低，导致品牌计算机不断地压缩生产成本，使用一些便宜且比较低端的配置，而且有些配置不具有扩展性，过段时间后，这些配置想升级就没有空间了，成为一种"鸡肋"。

由于计算机技术日新月异，消费者不可能永远都能赶得上潮流，但也不希望自己的计算机太落后。随着品牌计算机价格的降低，以及品牌和机型的不断增多，人们在购买品牌机的过程中应该考虑的方面也就更多了，升级潜力不可忽视。

1．主板部分

主板作为整个配置的核心部件，如果要更换主板，可能很多配件都需要更换。目前很多中低端品牌机的芯片组集成了显卡、声卡等很多设备，集成度很高，能够满足目前普通的家用、办公或者游戏爱好者的需要。不过，这些芯片组可能不具有显卡的扩展插槽，或内存插槽也只有 2 个，因此扩展性能相对来说差些，所以要注意欲购买的机型采用的主板芯片组，支持什么样的显卡插槽，内存的扩展容量，硬盘、支持的 CPU 的类型以及扩展插槽的数量等，这些对以后的硬件升级起着决定性的作用。

2．处理器部分

目前，品牌计算机处理器的主流配置是 Intel 的 Core i 系列三代的双核或者多核处理器。可以说，处理器是目前发展和变化最快的计算机配件，随着处理器性能的不断提高，计算机整体性能的提高瓶颈已经不是处理器的性能，而是处理器与其他外部设备之间的通信速度。

3．显卡部分

显卡是游戏爱好者最关心的部件，它直接影响游戏运行的性能。目前品牌计算机除了集成显卡之外，主流的配置都是 PCI-E 显卡，如 ATI Radeon HD 7750、NVIDIA GF GTX 650 都是目前中低端品牌计算机 PCI-E 显卡的主流配置，这些显卡虽然是 PCI-E 的入门级产品，但是完全可以应付目前大部分的 3D 游戏。中高端品牌计算机则一般采用 ATI Radeon HD 7850、NVIDIA GF GTX 660Ti 等中高端显卡。图 12-3 所示为七彩虹显卡。

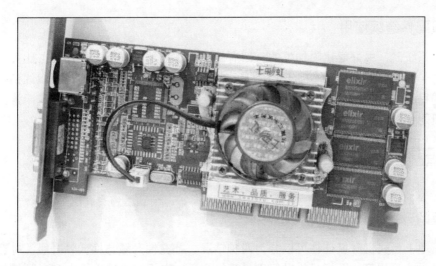

图 12-3　七彩虹显卡

4．其他配件

目前，大部分品牌计算机都采用集成声卡，而且大多数声卡都采用 PCI 接口，升级比较方便。内存一般都可以扩展到 4GB 以上，具有两个以上的内存插槽，因此内存升级也不存在太大的问题。硬盘方面，中低端的品牌计算机采用 SATA 硬盘，未来的趋势必然是速度更快的固态硬盘，购买哪种硬盘要视消费者的需求和购买能力。显示器不存在升级潜力方面的问题，所以在购买时可以根据自己的需求选配显示器。

要点 3　升级系统时的注意事项

1．考虑整体平衡及提升的侧重点

计算机系统的性能提升应该从全局及所侧重的应用需求来考虑。主板（架构）要能发挥 CPU 的性能，同时其他配件的数据处理、传输率也能和 CPU 进行同步的运算处理（或相差不大），这样整体的效果才能发挥出来。所以，要根据使用最频繁的应用来考虑升级的方向。

如果硬件之间的搭配不合理，即使有 3GHz 主频的 CPU，其性能也不能完全发挥出来。

2．要考虑性价比

考虑性价比除了根据报价和技术资料权衡外，升级能满足用户所需要的配件即可，完全不必为其他额外的功能付出代价。如支持多显示器、主板 RAID 功能、双 CPU 等特殊功能，除非确实需要，否则完全不用为此过多考虑。即使带有这些特殊功能的配件超值，但合理利用配件的真正价值才是最重要的。要知道，只有用得到的功能和技术才有"价值"。

3．让旧配件继续使用

升级系统时，最好能让附加性的、旧有的配件都能继续发挥它的作用。比如用加内存的方式让 Windows 运行得更快，这些都是在原有配件的基础上进行升级，以达到提升性能和功能的目的。一般地，不到万不得已，最好不要采取买新配件而扔掉（或闲置、或低价处理）旧配件的方案，这样是在重复投资。

要点 4 升级技巧

1．主板的升级技巧

一般地，台式机升级往往可以分为两种情况：补充性升级与换代性升级。补充性升级是将 CPU 的主频提高，而换代性升级则是更换主板。主板的可扩充性由 CPU 插槽的兼容性和内存插槽的条数决定。

目前大多数主板都会配备 4 条内存插槽，这样就可以多追加内存条。而 CPU 插槽的扩展性是指当 CPU 不能满足用户的使用需求时可以考虑换一块 CPU。一般地，补充性升级比换代性升级的代价要小。

2．电源的升级技巧

对于电源的选择，一定要注意大功率和稳定性，因为如果是换代性升级，大功率的电源往往可以保留，以继续发挥作用。

3．内存的升级技巧

升级内存可以使计算机的性能明显提升，升级内存是升级计算机最有效、最快捷、最经济的方法。图 12-4 所示为内存条。

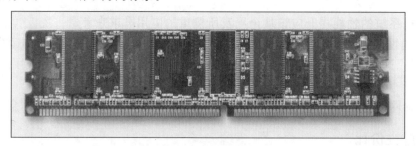

图 12-4　内存条

目前常见的内存条包括 DDR2 和 DDR3 这两种。在选择内存时，应尽量选择品牌的、高外频的。

4．显卡的升级技巧

如果对主板进行了换代性升级，在考虑显卡的类型时一定要挑选独立显卡。因为独立显卡的性能优异，而整合在主板上的显卡在性能上总会有不尽如人意之处。一旦升级，原先的显卡只能随着主板一起换掉而不能继续使用，但独立显卡则可以在新主板上继续使用。

操作与实训

如果是几年前购置的计算机，现在运行起来非常慢，但是又没有预算购买一台新的计算机，如果整体升级，又不是很合算，如果升级硬盘、显卡等设备，还不如买一台全新的计算机。但是如果只升级内存，不用花很多钱，就可以使计算机的整体水平有所提升。

实训 　**内存升级**

将现有 512MB 的内存，再增加一条 512MB 的内存，升级到 1GB。了解升级内存的过程及相关注意事项，并要实际动手升级自己计算机的内存。

在升级内存前，应该注意以下几个事项。

① 要了解被升级计算机内存的品牌和规格，是 DDR3、DDR2，还是 DDR。

② 要了解被升级计算机的内存插槽占用情况，现有的内存是多大，占了几个槽，以及主板最大支持多大内存。

③ 根据以上所掌握的情况决定要买的内存品牌，了解目前市场上各品牌内存的质量和质保情况。

升级内存的具体操作步骤如下。

步骤 1 准备好相应的升级设备及工具，要选择相同型号的内存。图 12-5 所示为需要增加的内存。

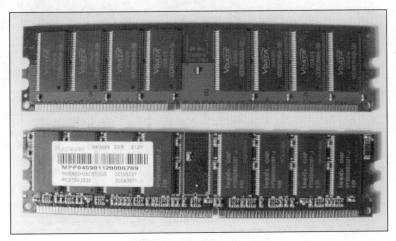

图 12-5　需要增加的内存

步骤 2 检测现在的内存情况。右击【我的电脑】图标，选择【属性】命令，打开【系统属性】对话框，可以看到现在内存大小为 512MB，如图 12-6 所示。

步骤 3 按 Ctrl+Alt+Del 组合键，打开【Windows 任务管理器】窗口，在其【性能】选项卡中可以看到内存使用情况，如图 12-7 所示。此时可以看到，内存有些不够用，在运行大型程序或者游戏的时候，计算机运行速度非常慢。

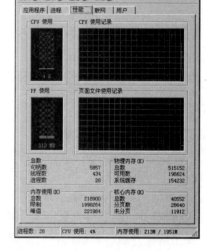

图 12-6　内存大小　　　　　　　　　图 12-7　内存使用情况

步骤 4 对机箱进行保养除尘。小心拆开机箱，如果需要清洁，则将机箱内其他的部件也拆卸下来。用皮老虎对机箱内除尘，机箱内积攒的尘土可能会非常多，因此建议在户外进行；如果皮老虎还不能有效地清除尘土，也可以考虑用给自行车打气的充气筒进行除尘。机箱内应重点除尘的部件如图 12-8 所示。

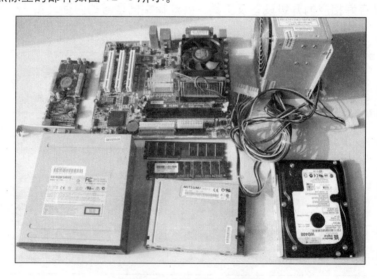

图 12-8　应重点除尘的部件

步骤 5 安装内存。除尘完毕后，将内存插入到插槽中，插到底后将内存向下按，如图 12-9 所示。

图 12-9　安装内存

提 示

新的内存条在金手指位置会有一个凹陷，只有正反面正确，才能将这个凹陷卡到内存槽中，所以一般情况下正反面是不会弄错的。

在向下按的过程中，如听到"咔"的声音，两边的卡锁便将内存卡住了，表明这条内存已被成功安装到插槽中了，如图 12-10 所示。

图 12-10　安装完成

步骤 6 开机进入系统，测试内存是否安装成功。从图 12-11 可以看到，内存现在的大小为 1GB；从图 12-12 可以看到，内存运行稳定，说明内存升级成功。

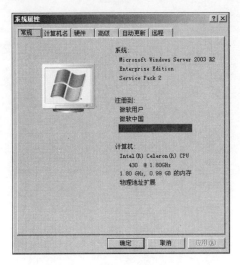

图 12-11　查看升级后的内存大小

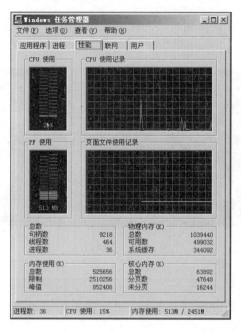

图 12-12　升级后内存使用情况

　　本任务中，对 PC 基本硬件的升级方法做了介绍，并在升级前后进行了对比。相信你一定对自己的计算机升级跃跃欲试了，那就动手实践吧！

任务 **13**

超频

情景描述

　　于永清是某中学的一名教师，在日常工作中使用学校分配的旧计算机。计算机的配置较低，运行速度也比较慢，又申请不到一台高性能的计算机，于永清听说通过超频可以提升计算机的性能，但他对超频并不了解。本任务中将为受条件限制不能升级硬件又希望能提升计算机性能的这类用户介绍相关硬件的超频知识，并分享一些超频经验。

任务学习引导

要点 **1** 超频的理论知识

计算机的超频是指通过人为的方式将 CPU、显卡等硬件的工作频率提高，在高于其额定频率的状态下稳定工作。以 Intel Core 2 E7400 的 CPU 为例，其额定工作频率是 2.8GHz，如果将工作频率提高到 3.5GHz，系统仍然可以稳定运行，那就超频成功了。

1. 什么是 CPU 超频

CPU 超频的主要目的是提高 CPU 的工作频率，也就是 CPU 的主频。而 CPU 的主频为外频和倍频的乘积，例如，一块 CPU 的外频为 100MHz，倍频为 8.5，那么它的主频＝外频×倍频＝100MHz×8.5＝850MHz。

提升 CPU 的主频可以通过改变 CPU 的倍频或者外频来实现。如果使用的是 Intel CPU，可以忽略倍频，因为 Intel CPU 使用了特殊的制造工艺来阻止修改倍频。AMD 的 CPU 可以修改倍频，但修改倍频对 CPU 性能的提升效果不如外频好。

外频的速度通常与前端总线、内存的速度紧密关联，因此提升 CPU 的外频之后，CPU、系统内存的性能也得到了提升。

2. 适合超频的 CPU

超频能力主要和 CPU 的内部构架和制造工艺有关，比如 Intel 构架的酷睿系列比奔腾 4 系列的超频能力强，45nm 制程 CPU 一般比 65nm 制程 CPU 的超频能力强。当前 45nm 制程的 CPU，超频已经可以达到 8GHz 左右的频率，而 32nm、22nm 制程 CPU 的超频能力更强。

主频较低的 CPU 比较适合超频，比如，同样是 Core 2 E7000 系列，E7200 与 E7400 有完全相同的内部结构，只是工作频率上有差别，超频所能达到的极限也非常接近，所以超频到同样的频率，原始主频低的 CPU 产品超频幅度更大。

不锁倍频的 CPU 更容易超频。目前，绝大部分 CPU 都是锁定倍频的，超频主要是通过提高外频的方式，而提高系统外频，其他设备的外频也会提高，这样超频能力就会受到更多因素的影响。而不锁倍频的 CPU 可以直接通过提高倍频的方式去超频，不会对其他部分造成太大影响，因此超频要相对容易一些。目前，不锁倍频的 CPU 主要是 AMD 的黑盒系列 CPU，Intel 也推出了不锁倍频的 E6500K 等产品。此外，Intel Core i5、Core i7 系列 CPU 采用了英特尔智能互连技术（QPI），虽然也是锁定倍频，却不像之前的产品那样倍频完全不可变。

要点 2　超频的方法

　　CPU 超频主要有两种方式：一种是硬件设置，一种是软件设置。其中，硬件设置比较常用，又分为跳线设置和 BIOS 设置两种。

1．跳线设置超频

　　早期的主板多数采用跳线或 DIP 开关设置的方式来进行超频。在主板上，跳线和 DIP 开关的附近，往往印有一些表格，记载的就是跳线和 DIP 开关组合定义的功能。在关机状态下，可以按照表格中的频率进行设置。重新开机后，如果计算机正常启动并可稳定运行，就说明超频成功。

　　比如，一款配合赛扬 1.7GHz 使用的 Intel 845D 芯片组主板，采用了跳线超频的方式。在电感线圈的下面，可以看到关于跳线说明的表格。当跳线设置为 1−2 的方式时，外频为 100MHz，而改成 2−3 的方式时，外频就提升到了 133MHz。而赛扬 1.7GHz 的默认外频就是 100MHz，只要将外频提升为 133MHz，原有的赛扬 1.7GHz 就会超频到 2.2GHz 工作。

　　另一款配合 AMD CPU 使用的 VIAKT266 芯片组主板，采用了 DIP 开关设置的方式来设置 CPU 的倍频。多数 AMD CPU 的倍频都没有锁定，所以可以通过修改倍频来进行超频。这是一个 5 组的 DIP 开关，通过各序号开关的不同通断状态，可以组合形成十几种模式。在 DIP 开关的右上方印有说明表，说明 DIP 开关在不同的组合方式下所带来的不同频率的改变。

　　例如，对 AMD Athlon XP 1800+进行超频，首先要知道 Athlon XP 1800+的主频等于 133MHz（外频）×11.5（倍频）。只要将倍频提高到 12.5，CPU 主频就成为 133MHz×12.5≈1.6GHz，相当于 Athlon XP 2000+。如果将倍频提高到 13.5，CPU 主频就成为 1.8GHz，也就将 Athlon XP 1800+超频成了 Athlon XP 2200+，简单的操作换来了性能上很大的提升。

2．BIOS 设置超频

　　目前的主流主板基本上都放弃了以跳线设置和 DIP 开关设置的方式更改 CPU 倍频或外频，而是使用更方便的 BIOS 设置。

　　例如，升技的 SoftMenu III 和磐正（EPOX）的 PowerBIOS 都属于 BIOS 超频的方式。在 CPU 参数设置中就可以进行 CPU 倍频、外频的设置。如果遇到超频后计算机无法正常启动的状况，只要关机并按住 Insert 或 Home 键，重新开机，计算机就会自动恢复为 CPU 默认的工作状态。

操作与实训

　　本实训将介绍主板和显卡的超频，以及超频软件的使用。

实训 1

主板超频实战

以升技 NF7 主板和 Athlon XP 1800+ CPU 的组合方案来实现这次超频实战。目前市场上 BIOS 的品牌主要有两种，一种是 Phoenix—Award BIOS，另一种是 AMI BIOS，以 Award BIOS 为例。

首先启动计算机，按 Del 键进入主板的 BIOS 设置界面。从 BIOS 中选择 Soft Menu III Setup 菜单，这是升技主板的 SoftMenu 超频功能。

进入该功能后，可以看到系统自动识别 CPU 为 1800+。在此菜单中按 Enter 键，将默认识别的型号改为 User Define（手动设置）模式。设置为手动模式之后，原有灰色不可选的 CPU 外频和倍频就变成了可选的状态。

如果需要使用提升外频来超频，选中 External Clock：133MHz 菜单并按 Enter 键，将外频调到 150MHz 或更高的频率选项上。由于升高外频会使系统总线频率提高，影响其他设备工作的稳定性，因此一定要采用锁定 PCI 频率的办法。

Multiplier Factor 菜单是调节 CPU 倍频的，按 Enter 键进入菜单选项，根据 CPU 的实际情况选择倍频，如 12.5、13.5 或更高的倍频。

在 BIOS 中可以设置和调节 CPU 的核心电压。正常情况下可以选择 Default（默认）状态。如果 CPU 超频后系统不稳定，可以给 CPU 核心加电压。但是加电压的副作用很大：首先，CPU 发热量会增大；其次，电压加得过高很容易烧毁 CPU，所以加电压时一定要慎重，一般以 0.025V、0.05V 或者 0.1V 逐步进地向上加。

实训 2

显卡超频实战

在购买一款显卡之后，除了运行 BenchMark 和试玩几个游戏外，通常都会使用软件将显卡超频，查看显卡性能有多大的提升空间。RivaTuner 是一款性能强大的超频软件，其功能不仅限于超频，在控制风扇转速、查看显存占用率方面，RivaTuner 使用起来都比较方便，它还能够支持大部分型号的显卡和驱动。RivaTuner 的工作原理是通过修改注册表来达到优化显卡的目的。

实训 3

RivaTuner 之超频

初次启动 RivaTuner 的时间较长，系统会自动收集硬件信息、显卡参数，以及驱动版本和 DirectX 信息。软件主界面包括基本信息面板、系统设置、超级用户、系统设置等选项卡。RivaTuner 启动界面如图 13-1 所示，其主界面如图 13-2 所示。

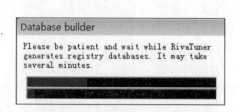

图 13-1　RivaTuner 启动界面　　　　　　图 13-2　RivaTuner 主界面

在图 13-2 中，RivaTuner 正确识别出了正在使用的 NVIDIA GeForce 9800 GT 显卡，并列出显卡的主要信息：256 位、RV770、640SP 等参数，单击【目标适配器】选项组中第二行信息右侧的下三角按钮，单击【低级系统设置】图标。

在随后弹出的【系统优化】对话框中，勾选【开启低级硬件超频】复选框，将弹出【推荐重新启动】提示框，单击【立即检测】按钮，如图 13-3 所示。通过拖拽滑块实现超频，然后单击【测试】按钮，便可以给显卡超频。最后分别单击【应用】和【确定】按钮，显卡就会按照所设置的频率工作了。

提　示

对超频不是非常熟悉的用户在超频时要注意，超频幅度最好不要超出 RivaTuner 给出的蓝色安全区。

为了方便下次超频，单击【保存】按钮，并以所设置的频率重命名，如图 13-4 所示。需要注意的是，和 CPU 一样，超频会大幅度增大显卡的发热量，可以通过调节风扇转速的方法为显卡降温。

图 13-3　【推荐重新启动】提示框　　　　　图 13-4　保存超频方案

RivaTuner 之风扇调节

单击 RivaTuner 主界面中【驱动设置】选项组中的下三角
按钮，单击【系统设置】图标。在弹出的【系统优化】对话框
中单击【风扇】选项卡，单击【驱动级风扇控制设置】右边的
下三角按钮，并选择【直接控制】项。通过拖拽滑块就可以实
现对风扇转速的自由调节，在夏季运行大型的 3D 游戏时，选
择70％为宜。图 13-5 所示为【系统优化】对话框的【风扇】
选项卡。

另外，用户还可以保存风扇转速设置方案。将显卡针对
2D、低性能 3D、高性能 3D 分别设置一个转速，保存之后，显
卡就可以按照设置自动调整风扇转速。

图 13-5　【风扇】选项卡

RivaTuner 之显存使用率查看

由于 Windows 7 系统采用的是显存虚拟化技术，RivaTuner 的显存占用率检测无法在
Windows 7 下运行，因此此测试选择在 Windows XP 系统下进行。单击【目标适配器】选
项组中第二行信息右侧的下三角按钮，再单击【硬件监视】图标（见图 13-6），将弹出【硬
件监视】界面，如图 13-7 所示。

图 13-6　打开 RivaTuner 后选择监控选项

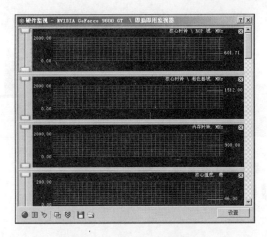

图 13-7　【硬件监视】界面

在【硬件监视】界面中，单击【设置】按钮，在弹出的【硬件监视设置】界面中单击【插件】，在【激活插件模块】界面的列表框中勾选 VidMem.dll，单击 OK 按钮，返回最开始的监控界面，就能看到显卡显存的使用情况，如图 13-8 所示。

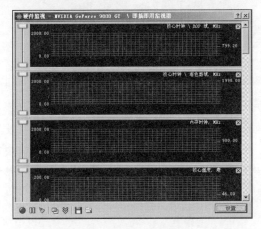

图 13-8　显存的使用情况

总　结

RivaTuner 对于初学者来说上手比较困难，但其功能非常丰富，可以实现超频、风扇调节、显存使用情况查看等。

任务小结

在本任务中，介绍了什么是超频，以及为什么要对硬件进行超频，并对 CPU、显卡进行超频操作。读者要在实践当中不断摸索、不断尝试，只有多实践，才能熟悉超频。

计算机常见故障检测与排除

情景描述

　　王一涵是计算机培训学校的技术员，平常主要负责 PC 的维护工作，每次新班开课总要重新布置实验环境，非常麻烦。不仅如此，每次装系统平台的时候总会遇到来自软件和硬件的故障，这也难怪，他维护的是一批用了好几年的计算机，且使用率又那么高，怎能不出现问题呢？每次装机，他都焦头烂额，也不是每次都能想到解决办法。在本任务中，我们将介绍在日常工作过程中常见的硬件故障的检测和排除方法，希望这些知识能够提高技术维护人员的日常工作效率。

要点 1

系统硬件故障分类

从硬件故障的表现形式分，系统硬件故障可分为以下几类。

元器件损坏：元器件一般不会损坏，如果损坏，主要是由于带电插拔或电压变化幅度过大造成的。元器件的故障经常发生在接口芯片或电容等部件。

接触不良：接触不良是最常见的故障，常出现在电源线或数据线的插接部位以及板卡的连接部位。

机械损坏：机械损坏也是常见的计算机故障，主要由于保养、维修或使用不当造成。如常见的键盘按键不灵主要是由于对键盘使用不当造成的。

存储介质损坏：存储介质损坏多发生在存储设备中，比如硬盘、光驱，主要因为存储介质的质量问题或保管不当造成。

要点 2

系统常见故障解决方法

1. 主板

主板是整个计算机的关键部件，它对整个计算机系统起着至关重要的作用。主板产生故障将会影响到整个计算机系统的工作。最常见的主板故障如下。

常见故障一：开机无显示。

计算机开机无显示时，首先要检查的就是 BIOS。主板的 BIOS 中存储着重要的硬件数据，同时，BIOS 也是主板中比较脆弱的部分，极易受到破坏，一旦受损就会导致系统无法运行，出现此类故障一般是因为主板 BIOS 被 CIH 病毒破坏（当然也不排除主板本身的故障导致系统无法运行）。一般，BIOS 被病毒破坏后，硬盘中的数据将全部丢失，所以可以通过检测硬盘数据是否完好来判断 BIOS 是否被破坏，如果硬盘数据完好无损，那么还有以下 3 种原因会造成开机无显示的现象。

① 主板扩展槽或扩展卡有问题，导致插上声卡等扩展卡后主板没有响应而无显示。

② 免跳线主板在 BIOS 中设置的 CPU 频率不对，也可能会引发不显示故障。对此，只要清除 BIOS 即可。清除 BIOS 的跳线一般在主板的锂电池附近，其默认位置一般为 1、2 短路，只要将其改跳为 2、3 短路几秒钟即可解决问题；对于较旧的主板，若用户找不到该跳线，只要将电池取下，待开机显示进入 BIOS 设置后再关机，将电池抠出亦可达到 BIOS 放电的目的。

③ 主板无法识别内存、内存损坏或者内存不匹配也会导致开机无显示故障。某些陈旧的主板对内存比较挑剔，一旦插上主板无法识别的内存，主板就无法启动，某些主板甚至没

有任何故障提示（鸣叫）。当然，有时为了扩充内存以提高系统性能，结果插上不同品牌或类型的内存同样会导致此类故障的出现，因此在检修时应多加注意。

常见故障二：BIOS 设置不能保存。

此类故障一般是由于主板电池电压不足造成的，此时更换电池即可，但有时更换主板电池后同样不能解决问题，此时有以下两种可能。

① 主板电路问题，对此要找专业人员维修。

② 主板 BIOS 跳线问题，有时错误地将主板上的 BIOS 跳线设为清除选项，或者设置成外接电池，会使 BIOS 数据无法保存。

常见故障三：主板 COM 口、并行口和 IDE 口失灵。

此类故障一般是由于用户带电插拔相关硬件造成的，此时用户可以用多功能卡代替，但在代替之前必须先禁止主板上自带的 COM 口与并行口（有的主板连 IDE 口都要禁止，方能正常使用）。

2．显卡

常见故障一：开机无显示。

此类故障一般是因为显卡与主板接触不良或主板插槽有问题造成的。对于一些集成显卡的主板，如果显存共用主内存，则须注意内存条的位置，一般在第一个内存插槽上应插有内存条。由于显卡原因造成的开机无显示故障，开机后一般会发出一长两短的蜂鸣声（对于 Award BIOS 显卡而言）。

常见故障二：颜色显示不正常。

此类故障一般有以下原因。

① 显卡与显示器信号线接触不良。

② 显示器自身故障。

③ 显卡损坏。

常见故障三：死机。

此类故障一般是由于主板与显卡不兼容或主板与显卡接触不良造成的。显卡与其他扩展卡不兼容也会造成死机。

常见故障四：屏幕出现异常杂点或图案。

此类故障一般是由于显卡的显存出现问题或显卡与主板接触不良造成的。此时须清洁显卡金手指部位或更换显卡。

此外，还有一种特殊情况，以前能载入显卡驱动程序，但在显卡驱动程序载入后，进入 Windows 系统时出现死机。若出现此情况，可更换其他型号的显卡，在载入其驱动程序后，插入旧显卡予以解决。如还不能解决此类故障，则说明注册表故障，对注册表进行恢复或重新安装操作系统即可。

3．内存

内存是计算机中最重要的部件之一，它的作用毋庸置疑，那么内存最常见的故障有哪些呢？

常见故障一：开机无显示。

如果是内存条原因导致此类故障，则一般是因为内存条与主板内存插槽接触不良造成的，只要用橡皮擦来回擦拭其金手指部位即可解决问题（不要用酒精等清洗），内存损坏或主板内存插槽有问题也会造成此类故障。

由于内存条原因造成的开机无显示故障，主机扬声器一般都会长时间蜂鸣（针对 Award BIOS 而言）。

常见故障二：Windows 注册表经常无故损坏，提示要求用户恢复。

此类故障一般都是因为内存条质量不佳引起的，很难予以修复，只有更换内存条。

常见故障三：Windows 经常自动进入安全模式。

此类故障一般是由于主板与内存条不兼容或内存条质量不佳引起的，常见于高频率的内存用于某些不支持此频率内存条的主板上，可以尝试在 BIOS 设置中降低内存读取速度，看能否解决问题，若不能，就更换内存条。

常见故障四：随机性死机。

此类故障一般是由于采用了几种不同芯片的内存条，由于各内存条速度不同产生了时间差，从而导致死机，对此可以在 BIOS 设置中降低内存速度予以解决，否则，只有使用同型号内存。还有一种可能就是内存条与主板不兼容，此类现象一般少见，另外也有可能是内存条与主板接触不良引起计算机随机性死机。

常见故障五：内存加大后系统资源反而降低。

此类故障一般是由于主板与内存不兼容引起的，常见于高频率的内存条用于某些不支持此频率内存条的主板上。当出现这样的故障现象时，可以试着在 CMOS 中将内存的速度设置得低一点。

常见故障六：运行某些软件时经常出现内存不足的提示。

此现象一般是由于系统盘剩余空间不足造成的。当出现这样的故障现象时，可以删除一些无用文件，多留出一些空间即可，一般保持在 300MB 左右为宜。

常见故障七：从硬盘引导安装 Windows 进行到检测磁盘空间时，系统提示内存不足。

此类故障一般是由于用户在 config.sys 文件中加入了 emm386.exe 文件，只要将其屏蔽掉即可解决问题。

4．光驱

光驱是计算机硬件中使用寿命最短的部件之一。其实，很多报废的光驱仍有很大的利用价值，只要稍微维修一下就可以了。这不需要具有高深的无线电专业知识，也不需要使用太复杂的维修工具及材料，只要细心观察故障现象并参照执行下面的故障排除方法，相信老光驱还能恢复昔日"风采"。

常见故障一：光驱工作时硬盘灯始终闪烁。

硬盘灯闪烁是一种假象，实际上，硬盘灯闪烁是因为光驱与硬盘共同接在一个 IDE 接口上，光驱工作时也控制着硬盘灯。此时，可将光驱单独接在一个 IDE 接口上。

常见故障二：光驱使用时出现读写错误或无盘提示。

这种现象大部分是在换盘时还没有就位就对光驱进行操作所引起的。对光驱的所有操作都必须等光驱指示灯显示为准备好时才可进行。在播放影碟时也应将时间调到零时再换盘，这样就可以避免出现上述错误。

常见故障三：光驱在读数据时，有时读不出或读盘的时间变长。

光驱读盘读不出的硬件故障主要集中在激光头组件上，且可分为两种情况：一种是使用太久造成激光管老化；另一种是光电管表面太脏或激光管透镜太脏及位移变形。所以在对激光管功率进行调整时，还须对光电管和激光管透镜进行清洗。

调整激光头功率的具体操作如下。

在激光头组件的侧面有 1 个像十字螺钉的小电位器。用笔记下其初始位置，一般先顺时针旋转 5°～10°，若装机试机不行，再逆时针旋转 5°～10°，直到能顺利读盘。注意不可旋转太多，以免功率太大而烧毁光电管。

常见故障四：开机后检测不到光驱或者检测失败。

该故障可能是由于光驱数据线接头松动、硬盘数据线损毁或光驱跳线设置错误引起的。当遇到这种问题时，首先应该检查光驱的数据线接头是否松动，如果发现没有插好，就将其重新插好、插紧。如果这样仍然不能解决故障，那么需要找一根新的数据线换上试试；如果故障依然存在的话，需要检查一下光驱的跳线设置，如果跳线设置有错误，将其更改即可。

5．硬盘

硬盘是负责存储数据和软件的仓库，硬盘故障处理不当往往会导致系统无法启动或数据丢失，那么，应该如何应对硬盘的常见故障呢？

常见故障一：系统不认硬盘。

系统从硬盘无法启动，使用 BIOS 中的自动监测功能也无法发现硬盘的存在。这种故障大都出现在连接电缆或 IDE 端口上，硬盘本身故障的可能性不大，可通过重新插接硬盘电缆或者改换 IDE 口及电缆等进行替换检测，很快就会发现故障所在。如果新接上的硬盘也不被接受，常见的原因就是硬盘上的主从跳线设置，如果一条 IDE 硬盘线上接两个硬盘设备，就要分清楚主从关系。

常见故障二：硬盘无法读写或不能辨认。

这种故障一般是由于 BIOS 设置错误引起的。BIOS 中的硬盘类型正确与否直接影响硬盘的正常使用。现在的机器都支持 IDE Auto Detect 功能，可自动检测硬盘的类型。当硬盘类型错误时，有时根本无法启动系统；有时能够启动，但会发生读写错误。

常见故障三：系统无法启动。

造成这种故障通常是基于 3 种原因：主引导程序损坏；分区表损坏；DOS 引导文件损坏。

常见故障四：硬盘出现坏道。

当出现这样的问题时，应该怎样处理呢？

用 SCANDISK 命令扫描硬盘时，如果程序提示有了坏道，首先应该重新使用各品牌硬盘自身的自检程序进行完全扫描。注意不要选快速扫描，因为它只能查出大约 90％的问题。为了让硬盘恢复，在这方面多花些时间是值得的。如果检查的结果是"成功修复"，那可以确定是逻辑坏道；假如检查结果不是"成功修复"，那就没有什么修复的可能了，如果你的硬盘还在保质期内，就抓紧时间拿去更换。

常见故障五：开机时硬盘无法自举，系统不认硬盘。

这种故障往往是最可怕的。产生这种故障的主要原因是硬盘主引导扇区数据被破坏，表现为硬盘主引导标志或分区标志丢失。这种故障的罪魁祸首通常是病毒，它将错误的数据覆盖到了主引导扇区中。市面上常见的杀毒软件都提供了修复硬盘主引导扇区的功能，不妨一试。

实训

使用主板检测卡检测硬件故障

主板检测（诊断）卡，又名 POST 卡或 Debug 卡 。主板检测卡都附带了一个说明书，说明什么样的报警对应什么样的故障。

主板检测卡是利用目前符合 ATX、BTX 结构，以及其他类似结构或兼容 x86 结构的计算机中的标准执行程序，通过电路检测判断是否有损坏的元器件的工具。

检测卡并非一个十全十美的东西，它经常会出现误检测现象，所以不可以仅仅用其检测结果作为最终判断依据。使用时，将故障检测卡插在主板的扩展槽上，当开机运行时，在检测卡上就有十六进制代码显示。如果代码不停地变化，最后停在代码 FF 上，说明主板无故障；如果代码停在某一个数据上，说明主板有故障，可根据代码与故障元件对照表查找故障元件。此代码是 BIOS ROM 中 POST 自检程序的检测结果。在显示器无显示时，此代码不能显示出来，利用故障检测卡可方便地显示此代码。再根据代码的值查找主板 BIOS 代码使用手册，可找到故障元件。使用故障检测卡可方便地找出无显示故障的主板故障元件。

用主板检测卡检测硬件故障的具体操作步骤如下。

步骤 1 拔除主板上的各种板卡，将检测卡插入 ISA 或 PCI 扩展槽内。

注 意

如插入 ISA 槽，则应把元件面向电源，若插反，检测卡和主板虽不会烧毁，但都无法工作。主板检测卡如图 14-1 所示。

步骤 2 打开电源，检查各发光二极管指示是否正常（其中，BIOS 信号灯可能暗或闪烁），看检测卡上的显示，如果从 00 变到 FF，则主板没有问题，如图 14-2 所示。

步骤 3 开机时，如果显示代码停在 00 或 FF 不动，则主板或者 CPU 有故障，如图 14-3 所示。再用手摸 CPU，如果 CPU 没有任何热量，则为主板故障；如果 CPU 有热量，则是 CPU 故障。

图 14-1　主板检测卡

图 14-2　主板正常启动

图 14-3　不能正常启动

步骤 4 如果显示代码为 C3，则为内存故障，如图 14-4 所示。如果是接触不良故障，可以把内存从主板上取下来，用橡皮擦一擦，再插上去即可使用。

图 14-4　内存故障

步骤 5　如果显示代码为 16，则为硬盘故障，如图 14-5 所示。这种故障多是由于硬盘没有安装，或者没有进行分区格式化造成的。如果是没有安装硬盘，只需要将硬盘数据线和电源按要求接好。如果是没有进行分区格式化，则需要通过分区软件进行分区，故障即可解决。

图 14-5　硬盘故障

步骤 6　把各种板卡插上去，再用故障检测卡检测。如果显示代码从 00 变到 FF，则主板正常。

步骤 7　如果检测结果正常，但仍然不能引导操作系统，应该是软件或驱动器或磁盘控制器或 DMA 等电路故障。

 **任务小结**

　　本任务中，我们以内存、主板为重点，学习了计算机常见硬件故障的检测和排除方法。主板检测卡是计算机维修人员必不可少的工具，主板检测卡可以帮助维修人员快速准确地定位故障点。在实践当中，要多动手、勤思考，相信你的技术水平会大幅度提高。

使用 EasyRecovery 恢复丢失的数据

情景描述

　　丁明洁是部队的政治辅导员，从事文案工作，工作业绩非常突出，这得益于其认真工作的态度和好钻研的精神，可计算机出现的一些问题总是让他心惊胆战。某天，他不小心把刚给战士们录制的政治生活实践录像给删除了，这可如何是好？误删除的文件是可以恢复的。本任务简要介绍误删除文件的恢复方法。

要点 1　EasyRecovery 介绍

EasyRecovery 硬盘数据恢复软件是世界著名数据恢复公司 Ontrack 的技术杰作。其专业版囊括了磁盘诊断、数据恢复、文件修复、邮件修复四大功能，共 19 个项目。

要点 2　EasyRecovery 的特点

EasyRecovery 硬盘数据恢复软件不会向原始驱动器写入任何内容，主要是在内存中重建文件分区表，使数据能够安全地传输到其他驱动器中。该软件可以恢复容量大于 8.4GB 的硬盘，支持长文件名。如被破坏的硬盘中丢失引导记录、BIOS 参数数据块、分区表、FAT 表、引导区，都可以用 EasyRecovery 进行恢复。

实训　用 EasyRecovery 恢复

本实训主要演示如何使用 EasyRecovery 恢复丢失文件的硬盘。本实训先将 H 盘中的 4 个音频文件删除，并使用 EasyRecovery 软件将其恢复。删除的 4 个音频文件如图 15-1 所示。

图 15-1　删除的 4 个音频文件

用 EasyRecovery 恢复上述 4 个音频文件的具体操作步骤如下。

步骤 1 双击 EasyRecovery.exe 文件，运行该软件。EasyRecovery 主界面如图 15-2 所示。

图 15-2　EasyRecovery 主界面

从图 15-2 中可以看出，EasyRecovery 的主要功能有：磁盘诊断、数据恢复、文件修复、邮件修复、软件更新和救援中心。

步骤 2 在 EasyRecovery 主界面中单击【数据恢复】选项，切换到【数据恢复】界面，其中包括 6 个子项，分别是高级恢复、删除恢复、格式化恢复、原始恢复、继续恢复和紧急引导盘，如图 15-3 所示。

图 15-3　【数据恢复】界面

步骤 3 单击【数据恢复】界面中的【删除恢复】按钮，弹出文件搜索界面，如图 15-4 所示。选择文件在删除之前存放的盘符位置，这里选择 C 盘，再单击【下一步】按钮，进行文件查找，可以搜索到刚才删除的 4 个文件，如图 15-5 所示。

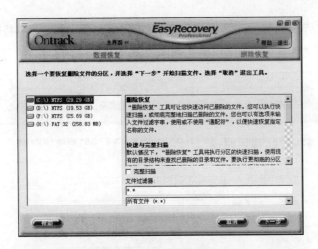

图 15-4 文件搜索界面

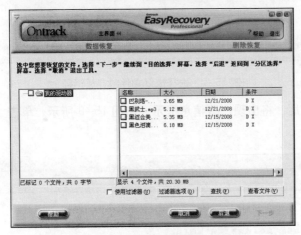

图 15-5 搜索到的被删除文件

步骤 4 将搜索到的被删除文件复制到另外的分区或磁盘中，这是为了不损伤要恢复磁盘或分区的数据。勾选要恢复的文件所对应的复选框，单击【下一步】按钮，如图 15-6 所示。

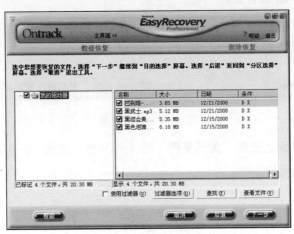

图 15-6 选择要恢复的文件

步骤 5 在随之弹出的界面中选择恢复文件的存放路径，本实训中将被删除的文件恢复到 D 盘的用户桌面文件夹中，如图 15-7 所示。单击【下一步】按钮，开始恢复。

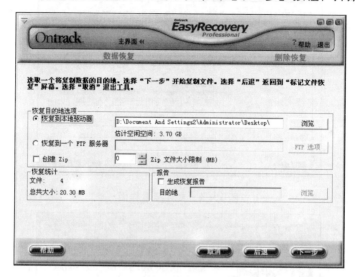

图 15-7　选择恢复文件的存放路径

步骤 6 恢复完成后，将出现一些信息提示，如图 15-8 所示。单击【完成】按钮，完成操作。

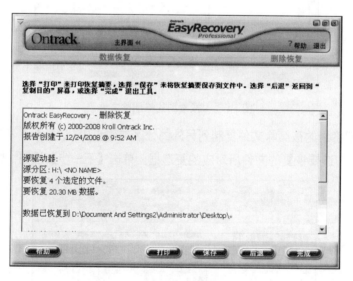

图 15-8　完成恢复

步骤 7 最后在桌面上出现"失而复得"的 4 个文件，如图 15-9 所示。双击打开，歌曲还可以播放，恢复完毕。

图 15-9　恢复的文件

本任务简要介绍了如何使用 EasyRecovery 软件来恢复丢失的文件。EasyRecovery 软件的功能很全面，本任务仅进行了简单的演示。利用该软件，日常所用的文本文件、视频文件、邮件等都能在误删除后很快恢复如初。只有在实践中才能感受到该软件功能的强大。

Office 文件误删除恢复

情景描述

　　小张在电子市场买了一张盗版游戏光盘，兴致勃勃地回家准备玩，谁知道盗版光盘里有很多病毒，小张不幸感染了磁碟机病毒。此病毒的特点是会使系统蓝屏，并删除文档。小张的很多重要 Office 文件都被误删除了，这下可急坏了小张。当前最主要的任务就是怎么把误删除的文件找回来，这个目的可以通过 EasyRecovery 或 FinalData 软件达到。

文件误删除恢复简介

　　如果只能使用 Windows 本身提供的工具，可以认为清空回收站之后，被删除的文件已经彻底清除了。不过事实并非如此，只要有专用的硬件和软件，即使数据已经被覆盖、驱动器已经重新格式化、引导扇区彻底损坏或者磁盘驱动器不再运转，还是可以恢复几乎所有的文件。

1．磁盘如何保存数据

　　要理解如何恢复已删除的数据，首先要搞清楚磁盘如何保存数据。磁盘驱动器里面有一组盘片，数据就保存在盘片的磁道（Track）上，磁道在盘片上呈同心圆分布，读/写磁头在盘片的表面移动，以访问磁盘的各个区域，因此文件可以随机地分布到磁盘的各个位置，同一文件的各个部分不一定顺序存放。

　　存放在磁盘上的数据以簇为分配单位，簇的大小因操作系统和逻辑卷大小的不同而不同。如果一个硬盘的簇大小是 4KB，那么保存 1KB 的文件要占用 4KB 的磁盘空间。大文件可能会占用多达数千、数万个簇，分散在整个磁盘上。操作系统的文件子系统负责各个部分的组织和管理。

　　当前，Windows 支持的磁盘文件系统共有 3 种。第一种是 FAT（File Allocation Table，文件分配表），它是最古老的文件系统，从 DOS 时代开始就已经有了；Windows 95 引入了第二种文件系统，即 FAT 32；Windows NT 4.0 则引入了第三种文件系统 NTFS（New Technology File System，新技术文件系统）。这 3 种文件系统的基本原理是一样的，都是用一个类似目录的结构来组织文件，目录结构包含一个指向文件首簇的指针，首簇的 FAT 入口又包含一个指向下一簇地址的指针，依此类推，直至出现文件结束标记为止。

2．Windows 不能真正清除文件

　　在 Windows 中，如果用常规的办法删除一个文件，文件本身并未被真正清除。例如，如果在 Windows 资源管理器中删除一个文件，Windows 会把文件放入回收站，即使清空了回收站，操作系统也不会真正清除文件数据。

　　Windows 中的删除实际上只是把文件名的第一个字母改成一个特殊字符，然后把该文件占用的簇标记为空闲状态，但文件数据仍在磁盘上，下次将新的文件保存到磁盘时，这些簇可能被新的文件使用，从而覆盖原来的数据。因此，只要不保存新的文件，被删除文件的数据实际上仍完整无缺地保存在磁盘上。

　　因此，可以用工具软件绕过操作系统，直接操作磁盘，恢复被删除的文件。这类工具软件很多，EasyRecovery、FinalData 就是其中的佼佼者。

　　如果不小心删除了某个重要文件，想要恢复它，这时千万不要覆盖它，应立即停用计

算机，不要再向磁盘保存任何文件，包括不要把恢复工具安装到已删除文件所在的硬盘分区，因为任何写入磁盘的内容都可能覆盖已删除文件释放的磁盘簇。如果必须安装恢复工具，可以安装到其他硬盘分区或软盘，或者干脆拆下硬盘到另一台机器上去恢复。

要点 2　文件误删除恢复注意事项

1. 覆盖 7 次才能清除的蛛丝马迹

如果数据已经覆盖，用通常的恢复工具就无能为力了，但这并不意味着绝对不能挽救丢失的数据。恢复硬盘上被覆盖的数据通常有以下两种办法。

读/写磁头向磁盘写入数据时，它会将磁化数据位的信号调整到某个适当的强度，但不是信号越强越好，不应超出一定的界限，以免影响相邻的数据位。由于信号强度不足以使存储媒介达到饱和的磁化状态，所以实际记录在媒介上的信号受到以前保存在同一位置的信号的影响。例如，如果原来记录的数据位是 0，现在被一个 1 覆盖，那么实际记录在磁盘媒介上的信号强度肯定不如原来数据位是 1 时的强度。

专用的硬件设备能够精确地检测出信号强度的实际值，将这个值减去当前数据位的标准强度，就得到了被覆盖数据的副本。理论上，这个过程可以向前递推 7 次，所以如果要彻底清除文件，必须反复覆盖数据 7 次以上，并且每次都用随机生成的数据覆盖。

第二种数据恢复技术是，磁头每次读/写数据时，不可能绝对精确地定位在同一个点上，写入新数据的位置不会刚好覆盖在原来的数据上。原有数据总是会留下一些痕迹，利用专用的设备可以分析出原有数据的副本——称为"影子数据"。当然，如果反复执行覆盖操作，原有数据的痕迹也会越来越弱。

2. 被遗忘的角落

删除和覆盖文件还不能清除硬盘上的所有敏感数据，因为数据可能隐藏在某些意料之外的地方，所以文件占用的每一个扇区都必须彻底清除。所谓扇区，就是大小为 512B 的数据片段，每个簇包含多个扇区。

向磁盘写入文件时，文件的最后一部分通常不会恰好填满最后一个扇区，这时操作系统就会随机提取一些内存数据来填充空余区域。从内存获取的数据称为 RAM Slack（内存渣滓），它可能是计算机启动之后创建、访问、修改的任何数据。另外，最后一个簇中没有用到的扇区就原封不动，即保留原来的数据，称为 Drive Slack（磁盘渣滓）。问题在于许多号称安全删除文件的工具不会正确清除内存渣滓和磁盘渣滓，而这些被称为渣滓的地方却可能包含大量的敏感信息。

ADS 已是人们熟知的隐藏数据和病毒之地，经常被计算机犯罪分子利用。除此之外，硬盘上还有其他可以隐藏数据的区域。

扇区是在低级格式化期间创建的，通常由硬盘制造厂完成。低级格式化工具会标记出损坏的扇区，从而避免磁盘控制器向损坏的区域写入数据。簇包含多个扇区，由高级格式化工具创建，如 Windows 或 DOS 的 format 命令。如果高级格式化期间发现坏扇区，整个簇被标记为坏簇，但是，坏簇里面还有好的扇区，有些人就利用这些扇区来隐藏数据。

　　综上所述，可以说，恢复数据实际上要比彻底清除数据简单。如果不小心删除了某个重要的文件，恢复工具就是救命稻草。反之，如果想出售二手机或二手磁盘，应当考虑一下是否有必要彻底清除一下硬盘。

操作与实训

实训 1

使用 EasyRecovery 恢复误删除的 Word 文件

步骤 1 在 F:\finaldata 目录下新建两个 Word 文档，如图 16-1 所示。

图 16-1　新建的两个 Word 文档

步骤 2 选中要删除的文件，右击并在弹出的快捷菜单中选择【删除】命令，系统会提示"确实要将这 2 项放入回收站吗"，如图 16-2 所示。

图 16-2　【确认删除多个文件】提示框

步骤 3 单击【是】按钮，文件被删除，另外还需要到回收站中彻底删除这两个文件。finaldata 文件夹为空，如图 16-3 所示。

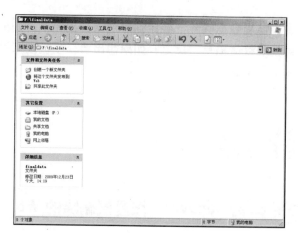

图 16-3 finaldata 文件夹为空

步骤 4 启动 EasyRecovery 程序，其主界面如图 16-4 所示。

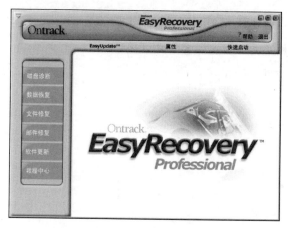

图 16-4 EasyRecovery 主界面

步骤 5 单击左侧的【数据恢复】选项，可以看到有高级恢复、删除恢复、格式化恢复、原始恢复、继续恢复和紧急引导盘 6 个选项，如图 16-5 所示。

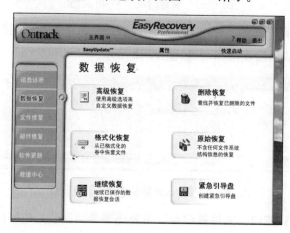

图 16-5 单击【数据恢复】选项

步骤 6 单击【删除恢复】按钮，进入选择要扫描逻辑驱动器的界面，选择逻辑盘 F 盘，单击【下一步】按钮，如图 16-6 所示。

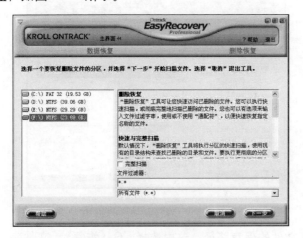

图 16-6　选择逻辑驱动器

这时软件会对 F 盘进行完整的扫描，扫描内容包括磁盘大小、开始扇区、结束扇区、文件格式、文件大小等，如图 16-7 所示。

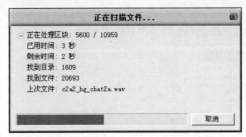

图 16-7　对 F 盘进行完整扫描

扫描完成后，软件会把扫描到的所有可恢复的文件目录及文件以树形结构的方式展现出来，如图 16-8 所示。

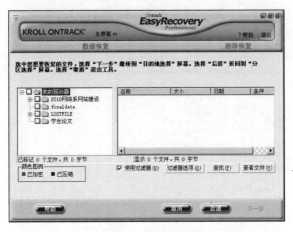

图 16-8　扫描到的内容

步骤 7 勾选要恢复的文件所对应的复选框，单击【下一步】按钮，如图16-9所示。

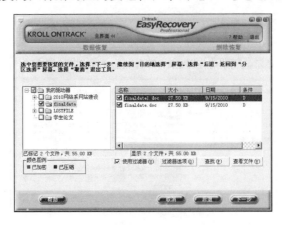

图16-9 选择要恢复的文件

步骤 8 选择恢复文件的保存路径，这里选择"G:\恢复\"文件夹，单击【下一步】按钮，如图16-10所示。

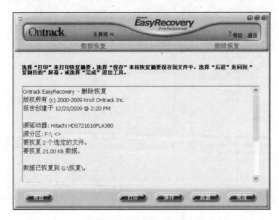

图16-10 选择保存路径

步骤 9 单击【完成】按钮，即可结束恢复，如图16-11所示。

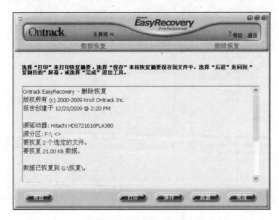

图16-11 完成恢复

步骤 10 打开"G：\恢复\"文件夹，可以看到刚才删除的文件已经恢复了。打开文件可以看到，文件完好无损。

提 示

　　EasyRecovery 软件主要用于恢复数据，特别是硬盘引导区损坏或中了病毒无法启动系统的时候。若出现上述情况，不必拿到专业的维修机构去修理，只需要在另一个正常的系统上运行双硬盘，利用该软件就可恢复和转移坏硬盘上的数据。找到刚才恢复的文件，打开查看，内容和删除前一样，说明已经成功恢复了文件。其他文件，如 Excel 和 PPT 等文件，都可以用以上方法进行恢复。

实训 2

使用 FinalData 恢复误删除的 Word 文件

　　FinalData 和 EasyRecovery 同样"大名鼎鼎"，它是早期数据恢复的首选软件，同样有文件修复功能。

　　FinalData 的安装和使用都很简单，运行软件后选择你要恢复的数据文件所在的逻辑驱动器即可。如果是恢复整个硬盘的数据，可以直接选择恢复物理驱动器。

步骤 1 在 F：\finaldata 目录下新建两个 Word 文档，如图 16-12 所示。

图 16-12　新建的两个 Word 文档

步骤 2 选中要删除的文件，右击并在弹出的快捷菜单中选择【删除】命令，系统会提示"确实要将这 2 项放入回收站吗"，如图 16-13 所示。

步骤 3 单击【是】按钮，文件被删除，另外还需要到回收站中彻底删除这两个文件。finaldata 文件夹为空，如图 16-14 所示。

步骤 4 下载并安装 FinalData 软件后，双击 FinalData.exe 文件，运行软件，进入 FinalData 主界面，如图 16-15 所示。

图 16-13 【确认删除多个文件】提示框

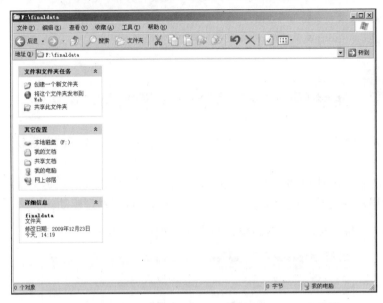

图 16-14 finaldata 文件夹为空

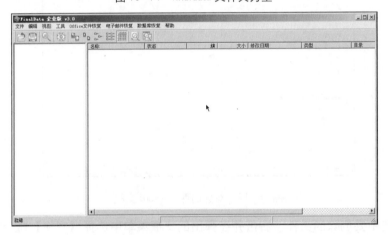

图 16-15 FinalData 主界面

步骤 5 选择【文件】|【打开】菜单命令，打开【选择驱动器】对话框，如图 16-16 所示。

步骤 6 选择 F 盘后，单击【确定】按钮，弹出【选择要搜索的簇范围】对话框，如图 16-17 所示。

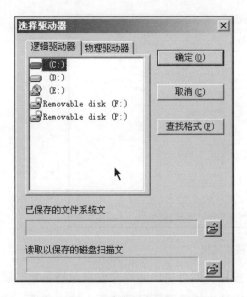
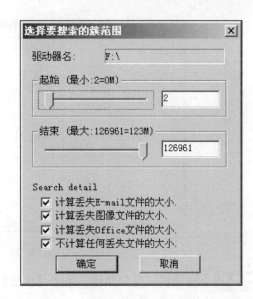

图 16-16　【选择驱动器】对话框　　　　图 16-17　【选择要搜索的簇范围】对话框

步骤 7　单击【确定】按钮，弹出【簇扫描】对话框，如图 16-18 所示。FinalData 会自动搜索和分析哪些是正常的目录和文件，哪些是已被删除的文件。搜索分析后，FinalData 会接着扫描目标驱动器的各簇，以确定每个文件的实际物理位置。

图 16-18　【簇扫描】对话框

步骤 8　FinalData 完成所有的检查后，会将目标驱动器中的所有文件分类后以树状图形式详细列出来，包括正常的目录、已删除目录和已删除文件等六大类。在右边的详细列表中列出了所有的文件资料，包括文件的名称、大小、目前状态（是否破损）和修改日期，其中最关键的是文件所在的物理簇位置，如图 16-19 所示。

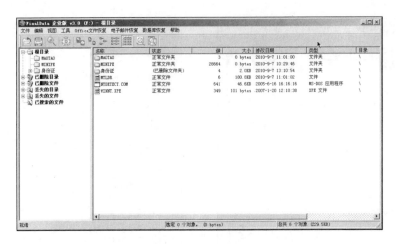

图 16-19　搜索结果

步骤 9 选中要恢复的文件，单击【恢复】按钮，即可将已删除文件重新移至新的硬盘分区（FinalData 恢复已删除文件时，不能将已删除文件移至原目标分区，这一点请一定注意），如图 16-20 所示。

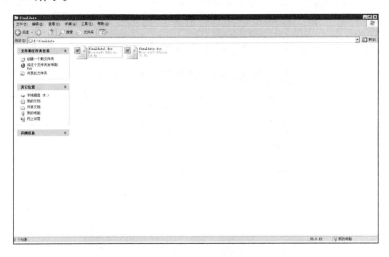

图 16-20　文件恢复成功

　　数据恢复是一项很高深的技术课题，本任务介绍的仅是数据恢复中最基础的内容。通过本任务，我们了解了数据恢复的原理，如数据如何被创建、数据删除后的保存位置和数据恢复软件的应用。通过数据恢复软件，进而对数据恢复形成更深刻的认识。

开机优化

情景描述

　　王勇每天早晨一到办公室都要花好几分钟的时间才能把他办公使用的计算机开机进入系统，而且随着使用时间越来越长，每天开机进入系统等待的时间也越来越长，回想当初刚安装系统时计算机的开机速度也就 30s 左右。为此，王勇很无奈，但又不希望重新安装系统。本任务将介绍优化系统设置，提升系统速度的具体方法。

要点 1

开机启动优化

系统启动时间变长的原因有很多，既有硬件因素，也有软件因素。无论使用的是一台全新的计算机还是一台旧计算机，安装了系统、应用软件后，计算机都会变得越来越慢。如何让计算机运行得更好、更快呢？

1. 手动优化，加快开机及关机速度

选择【开始】|【运行】菜单命令，在打开的【运行】对话框中输入 regedit 并按 Enter 键，打开注册表编辑器。在注册表编辑器中依次展开 HKEY_CURRENT_USER|Control Panel|Desktop 子项，在右边的窗格中找到 HungAppTimeout 项，如图 17-1 所示。

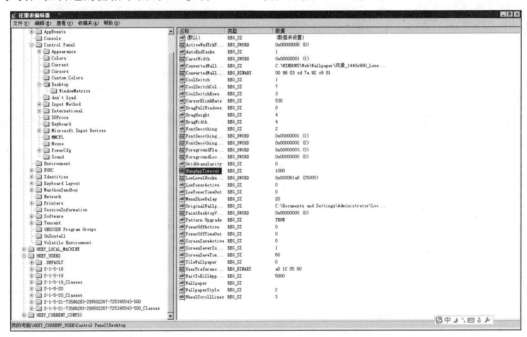

图 17-1　HungAppTimeout 项

双击 HungAppTimeout，将数值数据更改为 200，单击【确定】按钮。在该子项下找到 WaitToKillAppTimeout 项，并双击 WaitToKillAppTimeout，将数值数据更改为 1000，单击【确定】按钮。依次展开 HKEY_LOCAL_MACHINE|SYSTEM|CurrentControlSet|Control 子项，在右边的窗格中找到字符串 WaitToKillServiceTimeout，如图 17-2 所示。双击 WaitToKillServiceTimeout，将数值数据更改为 1000，单击【确定】按钮。

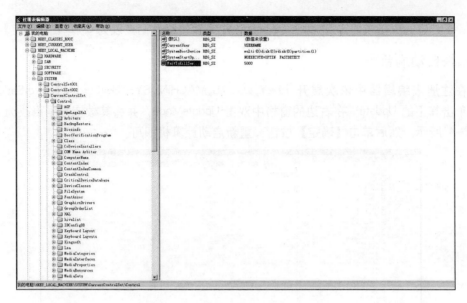

图 17-2　WaitToKillServiceTimeout 项

2．提高预读能力，改善开机速度

Windows XP 预读设置可提高系统速度，加快开机速度。按照下面的操作步骤可进一步改善 CPU 的效率：在注册表编辑器中依次展开 HKEY_LOCAL_MACHINE|SYSTEM|CurrentControlSet|Control| Session Manager|Memory Management 项，单击其下的 PrefetchParameters，在右边的窗格中找到字符串 EnablePrefetcher，如图 17-3 所示。如 CPU 为 PIII 800MHz 以上，双击 EnablePrefetcher，将数值数据更改为 4 或 5，否则保留数值数据的默认值 3。

图 17-3　EnablePrefetcher 项

3．加快菜单显示速度

在注册表编辑器中依次展开 HKEY_CURRENT_USER|Control Panel 项，单击其下的 Desktop

子项，在右边的窗格中双击 MenuShowDelay，并将其数值数据更改为 0，单击【确定】按钮。

4．加快自动刷新率

在注册表编辑器中依次展开 HKEY_LOCAL_MACHINE|SYSTEM|CurrentControlSet|Control 项，单击其下的 Update，在右边的窗格中双击 UpdateMode，并将其数值数据更改为 0，如图 17—4 所示。然后单击【确定】按钮，重新启动计算机即可。

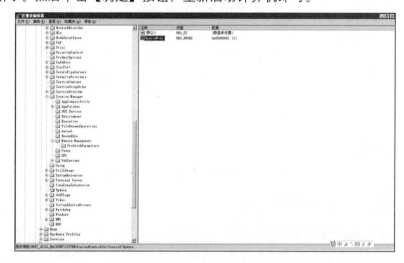

图 17—4　UpdateMode 项

5．利用 CPU 的 L2 Cache 加快整体性能

在注册表编辑器中依次展开 HKEY_LOCAL_MACHINE|SYSTEM|CurrentControlSet|Control|Session Manager 项，单击其下的 Memory Management，如图 17—5 所示。在右边的窗格中双击 SecondLevelDataCache，并将其数值数据更改为与 CPU L2 Cache 相同的十进制数值。例如，P4 1.6GHz。

CPU 的 L2 Cache 为 512KB，则将数值数据更改为十进制数值 512，再单击【确定】按钮。

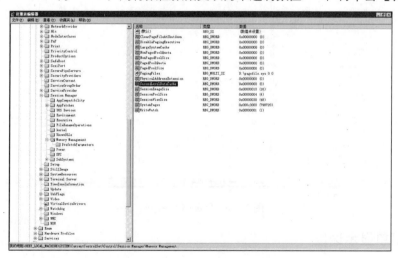

图 17—5　SecondLevelDataCache 项

6．自动关闭停止响应程序

在注册表编辑器中依次展开 HKEY_CURRENT_USER|Control Panel，单击其下的 Desktop 子项，在右边的窗格中双击 AutoEndTasks，并将其数值数据更改为 1，如图 17-6 所示，单击【确定】按钮。

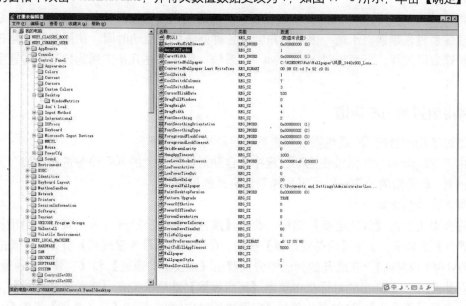

图 17-6　AutoEndTasks 项

7．软件法

使用软件优化开机启动项，如 360 安全卫士、Windows 优化大师、超级兔子等，它们也可以优化系统设置。使用软件优化系统比手动优化系统要方便得多，操作起来也比较简单。以 360 安全卫士为例，系统优化的具体操作步骤为：在【360 安全卫士】主界面中单击【软件管家】按钮，打开【360 软件管家】窗口，单击【开机加速】按钮，再单击【一键自动优化】按钮，即可完成系统优化。如果用户想自定义启动项，也可以手动修改，如图 17-7 所示。

图 17-7　360 安全卫士优化法

要点 2　系统开机性能优化

随着 Windows 操作系统的更新与发展，其功能越来越强，操作越来越简单，但系统的启动速度也越来越慢。于是，很多用户尝试各种办法减少启动时间，使用各种优化技巧或软件加速启动过程。下面针对 Windows XP 系统，简单讲述几条实用的技巧以加速系统的启动。

1. 禁用闲置的 IDE 通道

通过禁用闲置的 IDE 通道实现加速系统启动的原理如下。

由于 Windows XP 系统在启动过程中会自动对计算机上的 IDE 设备进行检测，因此关闭对闲置 IDE 通道的检测可以达到加速系统启动的目的。

具体操作步骤如下。

在桌面上右击【我的电脑】图标，选择【属性】命令，打开【系统属性】对话框，单击【硬件】选项卡，单击【设备管理器】按钮，在弹出的【设备管理器】窗口中，双击【IDE ATA/ATAPI 控制器】，在展开的列表中分别双击【主要 IDE 通道】和【次要 IDE 通道】，如图 17-8 所示。在弹出的对话框中单击【高级设置】选项卡，在【当前传送模式】下拉列表框中选择【不适用】（这就是闲置的 IDE 通道所对应的），并将【设备类型】设置为【无】，然后单击【确定】按钮即可。

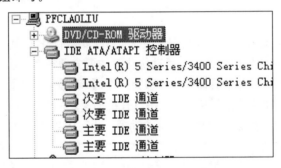

图 17-8　禁用闲置的 IDE 通道

2. 手动设置 IP 地址

通过手动设置 IP 地址实现加速系统启动的原理如下。

Windows XP 系统支持丰富的网络功能。在开机之后会自动检测计算机是否连入局域网，系统花很长的时间搜索 DHCP 服务器，直到获得 IP 地址或者服务超时才会停止，这时即使进入到桌面，程序也没有任何反应，这就是很多使用 Windows XP 系统的用户反映的进入桌面后进入"死机"状态并持续十几秒钟的问题。事实上，只要避免 Windows XP 系统每次开机都自动进行网络检测，就可以加速系统启动。

具体操作步骤如下。

在桌面上右击【网上邻居】图标，选择【属性】命令，打开【网络连接】窗口。在【网络连接】窗口中右击【本地连接】图标，选择【属性】命令，在弹出的【本地连接属性】

对话框中双击【Internet 协议（TCP/IP）】，弹出【Internet 协议（TCP/IP）属性】对话框。选择【使用下面的 IP 地址】单选按钮，原来灰色不可操作的界面现在变成可以输入信息了，如图 17-9 所示。输入 IP 地址、子网掩码、默认网关、DNS 服务器后，单击【确定】按钮退出即可。

3. 禁用暂时不用的设备

通过禁用暂时不用的设备实现加速系统启动的原理如下。

由于 Windows XP 系统启动时会自动检测 USB 接口连接的设备，如果这些设备在开机时与主机连接，会造成系统启动缓慢。对于使用笔记本电脑的用户，如果暂时不用红外线及无线网卡等设备，也应该在设备管理器中将其禁用，因为这些扩展设备对于系统启动速度的影响是很大的，禁用这些扩展设备可以达到跳过系统启动检测而加速启动过程的目的。

还需要注意的是，由于系统默认自动读取光驱，因此启动时会对光驱进行检测，如果光驱中放置了光盘，就会自动读取，这同样会延长系统的启动时间，所以建议平时使用完光盘后及时将光盘取出来。

4. 关闭多余的启动程序

通过关闭多余的启动程序实现加速系统启动的原理如下。

不少软件会在系统启动后自动运行一些后台程序，如 Winamp、Office、声卡驱动等。这些程序会让系统启动变得缓慢，因此关闭这些程序可以达到加速启动过程的目的。

具体操作步骤如下。

选择【开始】|【运行】命令，在【运行】对话框中输入 msconfig 命令，单击【确定】按钮，在弹出的【系统配置实用程序】对话框中单击【启动】选项卡，取消勾选需要关闭的启动项，单击【应用】按钮，再单击【确定】按钮，如图 17-10 所示。

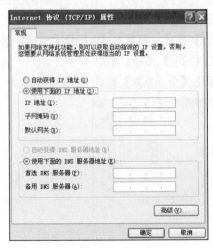

图 17-9　手动设置 IP 地址

图 17-10　关闭多余的启动程序

BIOS 优化设置

在 BIOS 主界面中选择 BIOS Features Setup 选项，将光标移到 Boot Sequence 选项，使用 Page Up 和 Page Down 进行选择，将启动顺序改为 C only，即从硬盘启动，如图 17-11 所示。这样系统启动时间会缩短好几秒。

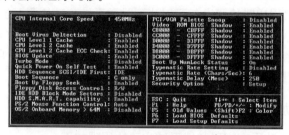

图 17-11　在 BIOS 中修改启动顺序

整理、优化注册表

在开机启动后，Windows 系统要读取注册表里的相关资料并暂存于 RAM（内存）中，Windows 开机的大部分时间都花费在此上，因此整理、优化注册表显得十分必要。有关注册表的优化，可以使用 Windows 优化大师、超级兔子等软件来完成注册表垃圾文件清理。以 Windows 优化大师为例，在 Windows 优化大师的主界面中，单击【系统清理】选项，再单击【注册信息清理】选项，打开【注册信息清理】界面，选择要扫描的项目后单击【扫描】按钮，如图 17-12 所示。软件就会自动"清扫"出注册表中的垃圾，在扫描结束后，单击【全部删除】按钮，删除垃圾文件。

图 17-12　【注册信息清理】界面

实训 3　经常维护系统

在系统中安装了太多的游戏、应用软件，或存储了大量旧资料，都会让计算机的运行速度越来越慢，开机时间越来越长。因此，每隔一段时间对系统做一次全面维护是非常必要的。选择【开始】|【程序】|【附件】|【系统工具】菜单命令，利用其中的工具可对计算机进行维护。

对于硬盘，最好能每两个星期做一次磁盘碎片整理，那样会明显加快程序启动速度，具体操作步骤为：在桌面上右击【我的电脑】图标，选择【管理】命令，在打开的【计算机管理】窗口的左侧窗格中，双击【磁盘碎片整理程序】，单击【碎片整理】按钮进行磁盘碎片整理即可，如图 17-13 所示。

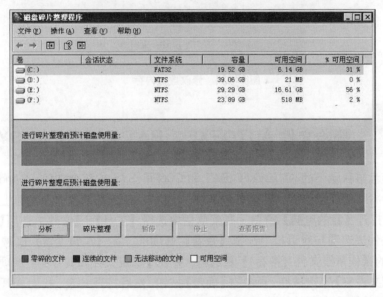

图 17-13　磁盘碎片整理程序

实训 4　扩大虚拟内存容量

在桌面上右击【我的电脑】图标，选择【属性】命令，弹出【系统属性】对话框，选择【高级】选项卡，在【性能】区域中单击【设置】按钮，选择【高级】选项卡，在【虚拟内存】区域中单击【更改】按钮，弹出【虚拟内存】对话框。在其中设置虚拟内存的位置，建议指向一个较少用的硬盘分区，并把最大值和最小值都设为一个固定值，大小为物理内存的 2 倍左右，最后单击【确定】按钮退出，如图 17-14 所示。

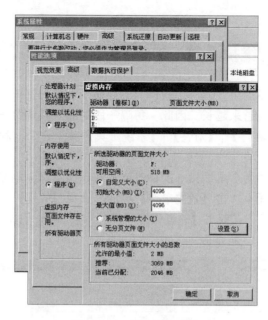

图 17-14　修改虚拟内存

实训 5　删除文件 AUTOEXEC.BAT 和 CONFIF.SYS

系统安装盘根目录下的 AUTOEXEC.BAT 和 CONFIF.SYS 这两个文件，Windows 已经不需要了，可以将它们安全删除，这样可以加快 Windows 的启动速度。在桌面上双击【我的电脑】图标，打开【我的电脑】窗口，在菜单栏中选择【工具】|【文件夹选项】菜单命令，在弹出的【文件夹选项】对话框中选择【查看】选项卡。在【高级设置】区域中取消勾选【隐藏受保护的操作系统文件（推荐）】复选框，并在【隐藏文件和文件夹】选项中选择【显示所有文件和文件夹】单选按钮，再单击【确定】按钮。然后打开 C 盘，找到 AUTOEXEC.BAT 和 CONFIF.SYS 这两个文件并将其删除，如图 17-15 所示。

图 17-15　删除系统安装文件

任务小结

本任务围绕提高开机速度，讲述了手工操作提高开机速度的方法。其实，优化操作系统的方法还有很多。手工操作优化系统也可以增进读者对操作系统知识的了解。

注册表优化

情景描述

    章文宇是一个计算机初学者，他对注册表的知识很感兴趣，他听说学好了注册表，计算机的所有知识就都学会了。其实，这是一个典型的错误想法，在本任务中我们将带领大家认识注册表，并使用相关软件进行注册表的设置。

注册表介绍

1．注册表的由来

在 Windows 3.x 操作系统中，注册表是一个极小的文件，其文件名为 Reg.dat，里面只存放了某些文件类型的应用程序关联，大部分设置都放在 Win.ini、System.ini 等多个初始化 INI 文件中。由于这些初始化文件不便于管理和维护，时常出现一些因 INI 文件遭到破坏而导致系统无法启动的问题。为了使系统运行得更为稳定和健壮，Windows 95/98 的设计师们借用了 Windows NT 中注册表的思想，将注册表引入到 Windows 95/98 操作系统中，而且将 INI 文件中的大部分设置也移植到注册表中，因此，注册表在 Windows 95/98 操作系统的启动、运行过程中起着重要的作用。

2．注册表的作用

注册表是为 Windows 操作系统中所有 32 位硬件/驱动和 32 位应用程序设计的数据文件。16 位驱动在 Windows NT 下无法工作，所以所有设备都通过注册表来控制。在没有注册表的情况下，操作系统无法获得必需的信息来运行和控制安装在计算机上的设备和应用程序，不能正确响应用户的输入。

3．注册表编辑器的打开方式

在 Windows 操作系统中选择【开始】|【运行】命令，打开【运行】对话框，在【打开】文本框中输入 regedit.exe，如图 18-1 所示。然后单击【确定】按钮，即可打开注册表编辑器。

图 18-1　运行注册表命令

4．注册表数据库文件的存放位置

Windows 2000/XP 注册表文件按功能来分，由系统注册表文件和用户注册表文件两类组成。

系统设置和默认用户配置数据存放在系统盘中 \WINDOWS\system32\config 文件夹下的 DEFAULT、SAM、SECURITY、SOFTWARE、userdiff 和 SYSTEM 6 个文件中，而用户的配

置信息存放在系统盘的 \Documents and Settings\All Users 文件夹下，包括 ntuser.ini、ntuser.dat。

5. 注册表的组成

在 Windows 操作系统中，注册表由两个文件组成：System.dat 和 User.dat，保存在 Win95/98 所在的文件夹中。它们由二进制数据组成。System.dat 包含系统硬件和软件的设置，User.dat 保存着与用户有关的信息，例如，资源管理器的设置、颜色方案以及网络口令等。

Windows 为人们提供了一个注册表编辑器（regedit.exe）的工具，注册表编辑器的界面如图 18-2 所示。它可以用来查看和维护注册表。由图可见，注册表编辑器与资源管理器的界面相似。左边窗格中，从"我的电脑"开始，以下是 5 个分支，每个分支名都以 HKEY 开头，称为主键（Key）。展开后可以看到主键还包含次级主键（Subkey）。当单击某主键或次级主键时，右边窗格中显示的是所选主键内包含的一个或多个键值（Value）。键值由键值名称（Value Name）和数据（Value Data）组成。主键中可以包含多级的次级主键，注册表中的信息就是按照多级的层次结构组织的。每个分支中保存计算机软件或硬件设备中某一方面的信息与数据。

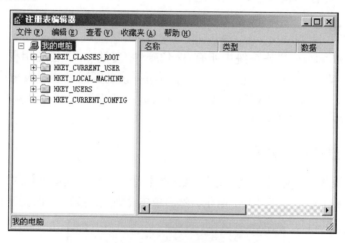

图 18-2 注册表编辑器

关于注册表中 5 个主键的简介如下。

HKEY_CLASSES_ROOT：文件扩展名与应用的关联及 OLE 信息。

HKEY_CURRENT_USER：当前登录用户控制面板选项和桌面等的设置，以及映射的网络驱动器。

HKEY_LOCAL_MACHINE：计算机硬件与应用程序信息。

HKEY_USERS：所有登录用户的信息。

HKEY_CURRENT_CONFIG：计算机硬件配置信息。

6. 注册表相关术语

HKEY：叫做"根键"或"主键"，它的图标与资源管理器中文件夹的图标相像。

Key（键）：包含了附加的文件夹和一个或多个值。

Subkey（子键）：在某一个键（父键）下面出现的键（子键）。

Branch（分支）：代表一个特定的子键及其所包含的一切。一个分支可以从每个注册表的顶端开始，但通常用以说明一个键及其所有内容。

Value Entry（值项）：带有一个名称和一个值的有序值。每个键都可包含任何数量的值项。每个值项均由 3 部分组成：名称、数据类型和数据。

字符串（REG_SZ）：顾名思义，字符串为一串 ASCII 码字符。如 Hello World 是一个字符串。在注册表中，字符串值一般用来表示文件的描述、硬件的标识等。通常，它由字母和数字组成，且在注册表中，字符串总是用引号引起来的。

二进制（REG_BINARY）：如 F03D990000BC，是没有长度限制的二进制数值。在注册表编辑器中，二进制数据以十六进制显示。

双字（REG_DWORD）：双字从字面上理解应该是 Double Word（双字节值）。双字型值由 1~8 个十六进制数据组成，可以用十六进制或十进制的方式来编辑，如 D1234567。

Default（默认值）：每一个键至少包括一个值项，称为默认值（Default）。

7. 数据类型

注册表的数据类型主要有以下 4 种，见表 18-1。

表 18-1 注册表的数据类型

显示类型（在编辑器中）	数据类型	说明
REG_SZ	字符串	文本字符串
REG_MULT1_SZ	多字符串	含有多个文本值的字符串
REG_BINARY	二进制数	二进制值，以十六进制显示
REG_DWORD	双字	一个 32 位的二进制值，显示为 8 位的十六进制值

8. 注册表中的键值项数据

注册表通过键和子键来管理各种信息，但是注册表中的所有信息都是以各种形式的键值项数据保存的。在注册表编辑器的右边窗格中，显示的都是键值项数据。这些键值项数据可以分为以下 3 种类型。

（1）字符串值

在注册表中，字符串值一般用来表示文件的描述和硬件的标识，通常由字母和数字组成，也可以是汉字，最大长度为 255 个字符，以"a"="***"表示。

（2）二进制值

在注册表中，二进制值是没有长度限制的，可以是任意字节长。在注册表编辑器中，二进制以十六进制表示，以"a"=hex：01，00，00，00 方式表示。

（3）DWORD 值

DWORD 值是一个 32 位（4 字节）的数值，在注册表编辑器中也是以十六进制表示的，以"a"=dword：00000001 表示。

9. 注册表的结构

注册表的层次结构类似于硬盘中的目录树。

- 键分为用户定义的键和系统定义的键。这些键没有特殊的命名约定，主键以"HKEY_"开头的形式配置单元的子目录，键和子键没有附带数据，它们只负责组织对数据的访问。
- 子键分为用户定义的子键和系统定义的子键。这些子键也没有特殊的命名约定，它们是作为用户定义或者系统定义的键的子目录形式存在的。键和子键没有相关的数据，它们只用来组织对数据的访问。
- 值位于结构链的末端，就像是文件系统中的文件一样。它们包含着计算机及其应用程序执行时使用的实际数据。

10. 注册表的基本操作

（1）添加项

打开注册表编辑器，在左侧窗格的树形结构中展开 HKEY_CURRENT_CONFIG 主键，找到 Software 子键，如图 18-3 所示。然后在工具栏中选择【编辑】|【新建】|【项】命令，如图 18-4 所示。然后输入新的名称 mysoft，再按 Enter 键，新建的 mysoft 键如图 18-5 所示。

图 18-3　展开 Software 子键

图 18-4　新建键值

图 18-5　新建的 mysoft 键

（2）添加值

在注册表编辑器中，单击想要添加新值的注册表键或键值，然后选择【编辑】|【新建】|【字符串值】命令，如图 18-6 所示。之后输入"新值"，按 Enter 键，如图 18-7 所示。

图 18-6　新建字符串值

图 18-7　字符串名为"新值"

（3）修改键值

在注册表编辑器中选择要更改的值，然后选择【编辑】|【修改】命令，如图 18-8 所示。接着在弹出的【编辑字符串】对话框的【数值数据】文本框中输入该值的新数据，最后单击【确定】按钮，如图 18-9 所示。

图 18-8　修改键值

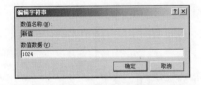

图 18-9　输入数据字段

（4）删除键或键值

删除注册表键或键值的方法是：单击要删除的注册表键或键值，选择【编辑】|【删除】命令（需要注意的是，可以从注册表中删除注册表键和键值，但是不能删除预定义键或更改预定义项的名称，比如 HKEY_CURRENT_USER），如图 18-10 所示。此时弹出确认删除的提示框，如果确定要删除此注册表键或键值，就单击【是】按钮，反之单击【否】按钮，如图 18-11 所示。

图 18-10　删除键值　　　　　　　　　　　图 18-11　确认删除

（5）备份注册表

错误地编辑注册表可能会严重损坏系统，所以，在更改注册表之前建议备份注册表信息。

备份注册表的方法是：单击要备份的注册表，然后选择【文件】|【导出】命令，如图 18-12 所示。此时，打开【导出注册表文件】对话框，如图 18-13 所示。在对话框中输入文件名 regedit，默认的扩展名为 .reg。如果要备份整个注册表，可以在【导出范围】组中选择【全部】单选按钮；如果只备份注册表树的某一个分支，可以在【导出范围】组中选择【所选分支】单选按钮；然后输入要导出的分支名称，比如 HKEY_CURRENT_USER\Software，最后单击【保存】按钮。

图 18-12　导出注册表　　　　　　　　图 18-13　【导出注册表文件】对话框

（6）恢复注册表

恢复注册表的方法也很简单，具体方法是：选择【文件】|【导入】命令，如图 18-14 所示。然后在打开的【导入注册表文件】对话框中查找要导入的文件，选中该文件，最后单击【打开】按钮即可，如图 18-15 所示。

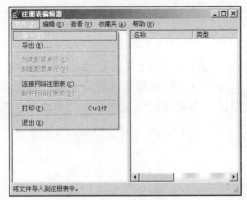

图 18-14　导入注册表　　　　　　图 18-15　选择导入文件

要点 2 注册表优化方法

1. 在 Windows XP 中让程序开机即运行的新方法

选择【开始】|【运行】命令，在打开的【运行】对话框中输入 regedit，单击【确定】按钮，打开注册表编辑器。在左侧窗格中依次展开 HKEY_CURRENT_USER\Software\Microsoft\WindowsNT\CurrentVersion\Windows 键，右击 Windows，在弹出的快捷菜单中选择【新建】|【字符串值】命令，把该字符串值命名为 load。然后双击 load，在弹出的【编辑字符串】对话框中将它的键值改为开机时就自动运行的程序路径。要注意的是，应该使用文件的短文件名，即 "C: ProgramFiles" 应该写为 "C: Progra～1"。

2. 屏蔽系统中的热键

选择【开始】|【运行】命令，在打开的【运行】对话框中输入 regedit，单击【确定】按钮，打开注册表编辑器。然后在左侧窗格中依次展开 HKEY_CURRENT_USER\Software\Microsoft\Windows\CurrentVersion\Policies\Explorer，新建一个双字节值，键名为 NoWindowsKeys，键值为 1，这样就可以禁止用户利用系统热键来执行一些禁用的命令。如果要恢复，只要将键值设为 0 或将此键删除即可。

3. 关闭不用的共享

安全问题一直为大家所关注，为了保证自己的系统安全，某些不必要的共享是应该关闭的。用记事本编辑如下内容的注册表文件，保存为任意名字的 .reg 文件，使用时双击该文件即可关闭那些不必要的共享。

```
Windows Registry Editor Version 5.00
[HKEY_LOCAL_MACHINESYSTEMCurrentControlSetServiceslanmanserverparameters]
"AutoShareServer"=dword: 00000000
"AutoSharewks"=dword: 00000000
[HKEY_LOCAL_MACHINESYSTEMCurrentControlSetControlLsa]
"restrictanonymous"=dword: 00000001
```

4．修改服务名称和解释

打开注册表编辑器，在 HKEY_LOCAL_MACHINE\SYSTEM\CurrentControlSet\Services 下的次级主键就是各个服务。选中任何一个次级主键，在右边可以看到 DisplayName 和 Description 两个字符串（如果没有可以新建）。DisplayName 就是在【管理工具】|【服务】里面显示的名字，Description 就是对应服务的描述。两者可以任意修改，但是次级主键名和其他的字符串不能修改。

5．自动关闭停止响应的程序

在 Windows XP 操作系统中，可以通过修改注册表，使 Windows XP 诊测到某个应用程序已经停止响应时就自动关闭它，这样就不需要手工干预了。想要实现这个功能，首先打开注册表编辑器，依次展开 HKEY_CURRENT_USER\Control Panel\Desktop\AutoEndTasks，将其键值改为 1 即可。

6．将【我的电脑】和【我的文档】图标乾坤倒挂

在 Windows 2000 以下版本的视窗操作系统中，【我的电脑】图标都是放在【我的文档】图标之上的，到了 Windows 2000 及其以后的操作系统，则正好相反。在 Windows XP 中，可以利用修改注册表来把【我的电脑】图标放在【我的文档】之上，具体操作步骤如下。

在注册表编辑器中依次展开 HKEY_CLASSES_ROOT\CLSID\{450D8FBA−AD25−11D0−98A8−0800361B1103}，然后新建 DWORD 值 SortOrderIndex，并修改其键值为 54（十六进制）。如果要把【我的文档】放在首位的话，只需要修改 SortOrderIndex 的键值为 48（十六进制）即可。

7．每次启动时保持桌面设置不变

可以通过修改注册表来保护桌面设置，无论做了什么样的修改，只要重新启动计算机，桌面就会恢复原样，具体操作步骤如下。

在注册表编辑器中依次展开 HKEY_CURRENT_USER\Software\Microsoft\Windows\CurrentVersion\Polices\Explorer，在它的下面找到 NoSaveSettings，其类型为 REG_SZ，将其键值改为 0，或者直接删除该键值项，重新启动系统使设置生效。

8．禁止 IE 下载文件

有些公用计算机上需要禁止下载文件功能，虽然某些管理软件可以做到这一点，但安装并调试这类软件太麻烦了。其实，在注册表中稍作修改就可以满足要求，具体操作步骤如下。

在注册表编辑器中依次展开 HKEY_CURRENT_USER\Software\Microsoft\Windows\CurrentVersion\Internet Settings\Zones，然后在右边找到 1803 这个 DWORD 值，将其键值修改为 3 即可。重新启动 IE，查看能否下载。如果要取消限制的话，只需要还原 DWORD 值为 0 即可。

操作与实训

　　注册表是 Windows 采用的先进的数据组织结构，不过它比较脆弱，在机器长时间使用以后，注册表中会"生产"出许多垃圾，假如不及时清理，机器启动和运行速度会越来越慢。

　　但是整理注册表不是一件轻松容易的事情，一不小心，轻则让某些软件失灵，重则导致系统崩溃。使用 Windows 优化大师的"注册信息清理"功能，就可以对注册表中多余的 DLL 等文件进行扫描、删除、备份或者恢复等各种操作，而不会因为失误导致系统崩溃。

　　Windows 优化大师主界面如图 18-16 所示。

图 18-16　Windows 优化大师主界面

实训 1

用 Windows 优化大师备份注册表信息

　　在左侧窗格中单击【系统清理】|【注册信息清理】，在右侧界面中单击【备份】按钮，如图 18-17 所示。

步骤 1 注册表是非常重要的数据，建议在修改注册表之前做一个备份，以防不测。Windows 优化大师有注册表的备份和恢复功能。

步骤 2 等待几秒，即可完成注册表备份。等待备份界面如图 18-18 所示。

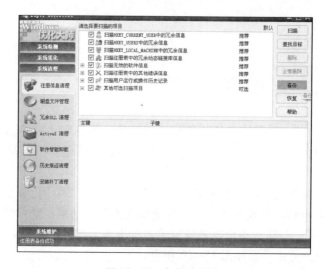

图 18-17　备份注册表

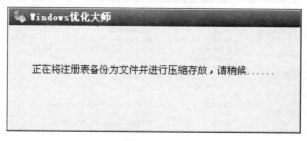

图 18-18　备份中

步骤 3　保存路径默认为安装目录的 Backup\Registry。修改路径的具体操作为：单击【系统清理】界面下的【注册信息清理】选项，单击【恢复】按钮，弹出【备份与恢复管理】对话框，之后单击【备份选项】选项卡即可对路径进行更改，如图 18-19 所示。

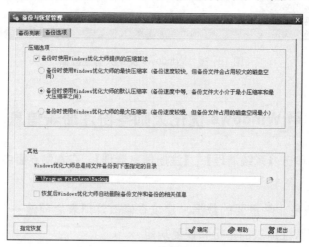

图 18-19　修改路径

实训 2

用 Windows 优化大师恢复注册表信息

步骤 1 在如图 18-17 所示的界面中单击【恢复】按钮，弹出【备份与恢复管理】对话框，如图 18-20 所示。

图 18-20 选择备份文件

步骤 2 在【备份与恢复管理】对话框的备份列表中选择要恢复的文件，单击【恢复】按钮，即开始恢复。

实训 3

用 Windows 优化大师清理注册表

步骤 1 在 Windows 优化大师主界面中，选择【系统清理】下的【注册信息清理】选项，单击【扫描】按钮，开始扫描注册表垃圾文件，如图 18-21 所示。

图 18-21 扫描注册表垃圾文件

步骤 2 扫描完成后，将在右下窗格中列出扫描到的注册表垃圾文件。勾选要删除选项对应的复选框，然后单击【删除】按钮，有针对性地删除文件。也可单击【全部删除】按钮，将扫描出来的文件全部删除。弹出提醒用户确认删除的提示框，单击【确定】按钮即可，如图 18-22 所示。

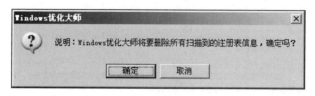

图 18-22 确认删除

步骤 3 注册表清理完后，Windows 优化大师需要重启 Explorer，弹出如图 18-23 所示的提示框，单击【是】按钮，重启 Explorer 即完成注册表的清理。

图 18-23 确认重启 Explorer

任务小结

在本任务中，我们认识了什么是注册表，以及注册表的功能。在日常应用的过程中，大家基本上都是使用软件对注册表进行优化等操作。

系统清理

情景描述

　　孙小文是一个网站设计师，他平常用计算机时有很多个人习惯，比如习惯把文件放在桌面上，回收站中的东西很少清除。另外，由于经常尝试各种小的应用软件，安装和卸载的情况必不可少。看着系统速度一天天变慢，他心想该优化和清理计算机了，可是手动删除效率太低，有没有更好的解决办法呢？其实是有的，本任务将介绍一些优化软件来完成系统清理。

任务学习引导

要点 1 系统垃圾种类

1. 上网相关的临时文件

上网相关的临时文件包括 Cookies、历史记录（包括地址栏历史记录）、各种密码表单账户、脱机缓存文件、各种搜索记录。这类临时文件的常见目录如下。

- ...\Recent\...
- ...\Cookies\...
- ...\Local Settings\Temp\...
- ...\Local Settings\Temporary Internet Files\...

2. Windows 系统使用中生成的临时文件

Windows 系统包括 Windows 临时文件和用户临时文件、Windows 搜索历史记录、开始菜单的打开文档和运行历史记录、最近运行的历史记录、剪贴板和回收站、远程桌面记录等。这类临时文件的常见目录如下。

- ...\recycled\...
- ...\prefetch\...
- ...\Windows\temp\...
- 临时文件——.tmp，._tmp/
- 日志类——.log,.chk,.old
- 帮助类——.gid
- 备份类——.bak

其中，日志类须谨慎清理。

3. 各种播放器的播放记录

各种播放器的播放记录包括 Media Player、Real Player，以及暴风影音等播放器的播放记录。这类文件的常见目录通常为：
...\Application Data\...

4. Office 类的记录

Office 类的记录包括 Office Word、Office PowerPoint、Office Excel、Office Access，以及 WPS 文档类等的使用记录。这类文件的常见目录通常为：
...\Application Data\Microsoft\Office\Recent\...

这类文件的扩展名为.ldb 或~filename.doc 隐藏临时文件等。

5. 其他软件的使用痕迹及注册表垃圾

WinRAR、Winzip、Dreamweaver 等，所有的应用软件运行时都会或多或少地产生一些临时文件。

> **要点 2**
>
> ### 系统垃圾清理方法

1. 使用批处理方法清理系统垃圾

新建一个 TXT 文件，在该 TXT 文件中保存以下代码，并在保存时把扩展名改为.bat，这样就建立了一个批处理文件，以后只需要双击该批处理文件就可以轻松清理系统垃圾了。代码如下。

```
@echo off
echo -----------------
echo 清空 cookies 和 IE 临时文件目录
rem del /f /q %userprofile%\COOKIES s\*.*
rem del /f /q %userprofile%\recent\*.*
del /f /s /q "%userprofile%\Local Settings\Temporary Internet Files\*.*"
del /f /s /q "%temp%\*.*"
echo 清除系统临时文件
:del /f /s /q %systemdrive%\*.tmp
:del /f /s /q %systemdrive%\*._mp
:rd /s /q %windir%\temp & md %windir%\temp
```

echo 备注：其他系统临时文件，比如日志类要谨慎清理，如果不需要，可以直接在上面一句下增加其他文件删除即可。

```
echo 清空垃圾箱，备份文件和预缓存脚本
:del /f /s /q %systemdrive%\recycled\*.*
:del /f /s /q %windir%\*.bak
:del /f /s /q %windir%\prefetch\*.*
echo 清理 SYSTEM32\DLLCACHE 下无用文件
:%windir%\system32\sfc.exe /purgecache
echo 清除完成
echo ------
pause
```

需要注意注册表方面的垃圾，大部分都是由于软件或驱动卸载不完全或有意留下的，除了部分作为保护版权问题的必需信息，大部分都是无用信息，还有一些空目录或临时占用的动态链接库保留在系统中。

2. 360 系统垃圾清理器

360 系统垃圾清理器可以帮助用户全面清理计算机磁盘上的垃圾文件及其他可删除文件，让用户拥有更多可用磁盘空间，提升计算机性能。

360 系统垃圾清理器的主要功能如下。

全面清理项目：除了常规的临时文件之外，360 系统垃圾清理器还可以清除 Windows 预读文件、Office 安装文件、360 安全卫士下载的补丁等可删除文件，以获得更多磁盘空间。

清理指定扩展名文件：可以指定要清理的文件扩展名，360 系统垃圾清理程序会在所有磁盘扫描指定扩展名的文件，并进行清除。

灵活地清理个别文件：除了可以选定清理的文件类型之外，还可以在扫描完成后，自主选择是否清除每一个扫描出的文件。

3. 手工清理系统垃圾文件

（1）【开始】菜单中的【最近访问文档】

Windows 把系统中最近使用的文件做成链接放到【最近访问文档】子菜单中。

清除方法：右击【开始】按钮，并在弹出的快捷菜单中选择【属性】命令，在弹出的【任务栏和「开始」菜单属性】对话框的【「开始」菜单】选项卡中单击【自定义】按钮，弹出【自定义「开始」菜单】对话框。在此对话框的【常规】选项卡中单击【清除列表】按钮，并在【高级】选项卡中取消勾选【列出我最近打开的文档】复选框，最后单击【确定】按钮。

（2）安装程序、编辑文件时产生的临时文件

很多安装程序都是自解压的。软件在运行过程中，通常也会产生一些临时交换文件、自带冗余的字体库和帮助文件，有一部分是隐藏在 C:\Windows\temp 临时文件夹及用户文件夹中，甚至存放在 C:\Windows\system32 文件夹中。

清除方法：双击【我的电脑】图标，单击【搜索】按钮，在【全部或部分文件名】文本框中输入需要删除的文件扩展名，单击【搜索】按钮，比如以 .tmp、._mp 等为扩展名的临时文件，以 .bak、.old、.syd 等为扩展名的临时备份文件，以 .gid 为扩展名的临时帮助文件，以 .chk 为扩展名的磁盘检查数据文件等。搜索完毕后，将这些文件全部删除即可。

（3）IE 浏览器的临时文件、Cookies 和历史记录

临时文件有益于加快网页浏览，历史记录方便用户寻找以前访问的网页，Cookies 则是网站标识用户必不可少的，这些文件对于 IE 浏览器的运行来说虽然不是必不可少的，但是对用户上网确实有很大的帮助。

清理方法：双击打开 IE 浏览器，选择【工具】|【Internet 选项】命令，弹出【Internet 属性】对话框。在【常规】选项卡中单击【Internet 临时文件】组中的【设置】按钮，在弹出的【设置】对话框中设置使用的磁盘空间大小，单击【确定】按钮，返回【Internet 属性】对话框，并在【常规】选项卡中单击【删除 Cookies】按钮，在弹出的【删除 Cookies】对话框中单击【确定】按钮。

操作与实训

在本实训中，采用 3 种方法对 Windows XP 系统的垃圾文件进行清理：利用工具、自编写批处理文件，以及手工清理。

1．利用工具清理系统垃圾

本实训以 360 安全卫士工具为例，讲解用工具清理系统垃圾的方法，操作步骤如下。

步骤 1 双击打开 360 安全卫士，其主界面如图 19-1 所示。

图 19-1 360 安全卫士主界面

步骤 2 在主界面中单击【电脑清理】选项，打开如图 19-2 所示的界面。

图 19-2 系统垃圾清理

步骤 3 单击【一键清理】按钮，软件将自动完成对电脑垃圾文件的清理工作，如图 19-3 所示。

图 19-3　完成垃圾清理工作

步骤 4 完成一键清理后，还可对插件、使用痕迹、注册表等进行专项清理。图 19-4 所示为电脑插件清理界面。

图 19-4　清理插件

2．自编写批处理文件清理系统垃圾

步骤 1 双击【我的电脑】图标，进入系统盘并新建一个 TXT 文件，重命名为"垃圾.bat"，如图 19-5 所示。

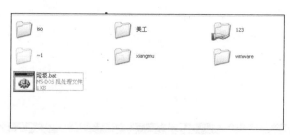

图 19-5　建立批处理文件

步骤 2 使用记事本打开"垃圾.bat"文件并输入以下内容，如图 19-6 所示。读者可根据个人计算机的情况修改清理路径。

图 19-6 输入清理代码

步骤 3 保存文件后，双击"垃圾.bat"文件，即可完成系统垃圾清理。

3. 手工清理系统临时文件

步骤 1 双击【我的电脑】图标，进入系统盘，双击 WINDOWS 文件夹，如图 19-7 所示。

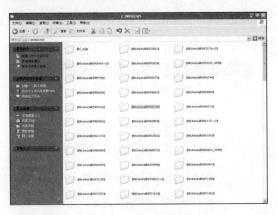

图 19-7 WINDOWS 文件夹

步骤 2 在 WINDOWS 文件夹中找到 temp 文件夹，双击打开 temp 文件夹，如图 19-8 所示。

图 19-8 temp 文件夹

步骤 3 删除 temp 文件夹里的全部内容，完成系统临时文件的清理。

4. 手工清理 Web 缓存文件

双击【我的电脑】图标，进入系统盘，双击打开 WINDOWS 文件夹，找到 Web 文件夹，双击打开 Web 文件夹，如图 19-9 所示。删除 Web 文件夹里的全部内容，完成 Web 缓存文件的清理。

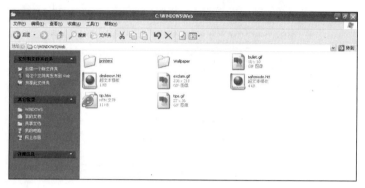

图 19-9　Web 文件夹

5. 手工清理 IE Cookies 及缓存文件

步骤 1 右击 IE 浏览器图标，在弹出的快捷菜单中选择【属性】命令，弹出【Internet属性】对话框，如图 19-10 所示。

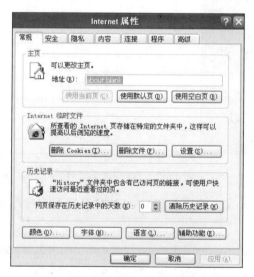

图 19-10　【Internet 属性】对话框

步骤 2 单击【删除 Cookies】按钮，完成 Cookies 删除操作；单击【删除文件】按钮，完成缓存文件删除操作。

　　一些计算机用户因在使用计算机的过程中有些不良的使用习惯，导致在计算机中产生了很多的垃圾，让计算机的系统性能降低，本任务很好地解决了这个问题。因为手工清理系统垃圾比较麻烦，因此建议使用 360 安全卫士、Windows 优化大师或超级兔子等第三方软件进行系统垃圾清理。

组建无线办公局域网络

情景描述

　　金成旭是销售部经理的秘书，最近业务非常繁忙，在跟客户的交流过程中，他发现每次客户做工程演示的时候，如果用到网络就不得不拉很长的网线，这让会议室显得很乱。于是，他将这个问题反映给经理。经理夸奖他工作细致认真，并把组建一个无线网络的任务交给他。小金很无奈地接受了任务，原因是他只用过有线的网络，对于无线网络的知识懂得很少，怎么办呢？本任务为他提供了一个很好的组建无线办公网络的案例。

要点 1　计算机网络的概念

计算机网络是用通信线路和通信设备将分布在不同地点的多台计算机系统互相连接起来，按照共同的网络协议，共享硬件、软件和数据资源。

1．网络的四要素

实现网络的四要素为：通信线路和通信设备、有独立功能的计算机、网络软件支持，以及实现数据通信与资源共享。

2．计算机网络的发展阶段

第一代：远程终端连接

20 世纪 60 年代早期，面向终端的计算机网络，主机是网络的中心和控制者，终端（键盘和显示器）分布在各处并与主机相连，用户通过本地的终端使用远程主机。

第二代：计算机网络阶段（局域网）

20 世纪 60 年代中期，多个主机互联，实现计算机和计算机之间的通信，包括通信子网和用户资源子网。终端用户可以访问本地主机和通信子网上所有主机的软硬件资源。

第三代：计算机网络互联阶段（广域网、Internet）

1981 年，国际标准化组织（ISO）制定了开放体系互连基本参考模型（OSI/RM），实现不同厂家生产的计算机之间的互连，TCP/IP 协议诞生了。

第四代：信息高速公路（高速，多业务，大数据量）

伴随着宽带综合业务数字网的发展，信息高速公路、ATM 技术、ISDN、千兆以太网、一系列的交互性产品（网上电视点播、可视电话、网上购物、网上银行等）使当今人们的生活发生了巨大的改变。

3．什么是局域网

局部区域网络（Local Area Network，LAN）通常简称为"局域网"。局域网是结构复杂程度最低的计算机网络。局域网是在同一地点通过网络连在一起的一组计算机。局域网中的计算机之间通常离得很近，它是目前应用最广泛的一类网络。

通常将具有如下特征的网络称为局域网。

- 网络所覆盖的地理范围比较小，通常不超过几十千米，甚至只在一幢建筑或一个房间内。
- 信息的传输速率比较高，其范围为 10 ~ 1000Mb/s，近来已达到 10 000Mb/s；而广域网的传输率一般为 512Kb/s ~ 10Mb/s。
- 网络的经营权和管理权属于某个单位。

要点 2

无线网络介绍

无线网络既包括允许用户建立远距离无线连接的全球语音和数据网络，也包括为近距离无线连接进行优化的红外线技术及射频技术。无线网络与有线网络的用途十分类似，它们最大的区别在于传输介质的不同，利用无线电技术取代有线技术，可以和有线网络互为备份。

合理分布无线 AP（Access Point，访问接入点）的位置以确保无线信号的覆盖，并通过认证和加密等方式提高无线网络的安全性，从而极大地提升用户工作效率和网络安全。无线网络有很强的兼容性，其"有线+无线"混合型网络结构非常适用于规模较小、移动量较大的中小企业办公室，可灵活选择不同的接入方式和网络扩充方式。

要点 3

网络设备选购

在组建网络时，除了要考虑网络的用途外，还要考虑网络的性能、构建成本等。下面介绍构建网络的介质和设备。

1. 双绞线

双绞线是综合布线工程中最常用的一种传输介质。双绞线采用了一对绝缘的金属导线互相绞合的方式来抵御一部分外界电磁波干扰，更主要的是降低自身信号的对外干扰。把两根绝缘的铜导线按一定密度互相绞在一起，可以降低信号干扰的程度。双绞线可分为非屏蔽双绞线（UTP）和屏蔽双绞线（STP）两种。非屏蔽双绞线如图 20-1 所示。

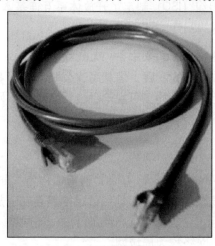

图 20-1　非屏蔽双绞线

非屏蔽双绞线的制作标准如下。

标准 568A：绿白-1，绿-2，橙白-3，蓝-4，蓝白-5，橙-6，棕白-7，棕-8。

标准 568B：橙白-1，橙-2，绿白-3，蓝-4，蓝白-5，绿-6，棕白-7，棕-8。

2．交换机

交换机的工作原理包括以下 3 部分。

学习过程：以太网交换机了解每一端口相连设备的 MAC 地址，并将地址同相应的端口映射起来，存放在交换机缓存的 MAC 地址表中。

转发/过滤：当一个数据帧的目的地址在 MAC 地址表中有映射时，它被转发到连接目的节点的端口，而不是所有端口（如该数据帧为广播/组播帧，则转发至所有端口）。

消除回路：当交换机包括一个冗余回路时，以太网交换机通过生成树协议避免回路的产生，同时允许存在后备路径。

图 20-2 所示为交换机。

图 20-2　交换机

3．路由器

路由器（Router）是互联网的主要节点设备，它通过路由决定数据的转发。转发策略称为路由选择（Routing），这也是路由器名称的由来。作为不同网络之间互相连接的枢纽，路由器系统构成了基于 TCP/IP 的国际互联网络 Internet 的主体脉络。图 20-3 所示为 Tenda 路由器。

图 20-3　Tenda 路由器

无线路由器是一种用来连接有线网络和无线网络的通信设备，它可以通过 Wi-Fi 技术收发无线信号来与个人数码助理和笔记本电脑等设备通信。无线路由器可以在不设电缆的情况下，方便地建立一个计算机网络。图 20-4 所示为无线路由器。

图 20-4　无线路由器

4．无线网卡

无线网卡的作用类似于以太网中的网卡，它作为无线局域网的接口，实现与无线局域网的连接。无线网卡根据接口类型的不同，主要分为 3 种类型，即 PCMCIA 无线网卡、PCI 无线网卡和 USB 无线网卡。图 20-5 所示为 USB 无线网卡。

图 20-5　USB 无线网卡

PCMCIA 无线网卡仅适用于笔记本电脑，支持热插拔，可以非常方便地实现移动无线接入。

PCI 无线网卡适用于普通的台式计算机。其实，PCI 无线网卡只是在 PCI 转接卡上插入一块普通的 PCMCIA 卡。

USB 接口无线网卡适用于笔记本电脑和台式计算机，支持热插拔。如果网卡外置有无线天线，那么，USB 接口无线网卡就是一个比较好的选择。

操作与实训

实训 1

组建家庭共享网络

Windows XP 操作系统中内置了"简单文件共享"这一功能,这项功能默认情况下是打开的,是专门为初级用户而设计的。使用"简单文件共享"功能,家庭网络用户可以轻松共享文件夹。下面介绍设置简单文件共享的具体操作步骤。

步骤 1 右击"新建文件夹"图标,在弹出的快捷菜单中选择【共享和安全】命令,如图 20-6 所示。

图 20-6　选择【共享和安全】命令

步骤 2 弹出【新建文件夹属性】对话框,如图 20-7 所示。默认情况下,选择【不共享此文件夹】单选按钮。这里要共享"新建文件夹"文件夹,因此选择【共享此文件夹】单选按钮,如图 20-8 所示。

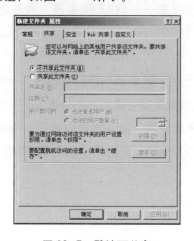

图 20-7　默认不共享

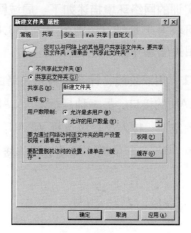

图 20-8　网络共享

步骤 3 默认状态下，共享名字是文件夹或磁盘分区的卷标，如无特殊需要，保持默认共享名即可。

步骤 4 单击【权限】按钮，弹出【新建文件夹的权限】对话框，在其中可添加或删除组及用户，并设置具体的访问权限，如图 20-9 所示。最后单击【确定】按钮，返回【新建文件夹属性】对话框，再单击【确定】按钮，完成简单文件共享的设置。

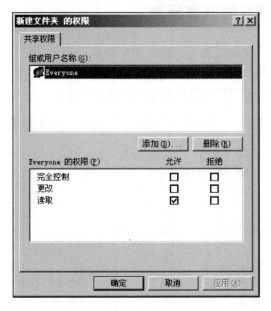

图 20-9　共享权限设置界面

实训 2 组建无线网络

　　无线网络是有线网络最好的拓展，无线路由器可灵活地组成有线＋无线的混合网络。本实训主要介绍无线网络的配置及测试。

　　本实训的网络环境描述如下：局域网，网络中已存在一个 DHCP 服务器，通过此 DHCP 服务器可获得 IP 地址（范围为 192.168.80.0～192.168.80.255），以及子网掩码、网关、DNS 等相关信息并能访问互联网。

步骤 1 用双绞线将计算机与无线路由器连接在一起。路由器的接口有两种，一种是标示为 WLAN 的接口，另一种是标示为 LAN 的接口。如果直接连接到 ISP 网络（ADSL）或只有一个固定 IP，接入端口应选择 WLAN；如果是普通局域网，接入端口应选择 LAN 接口。在连接中，根据实际的网络环境选择连接接口，这里以 LINKSYS 无线路由器为例，如图 20-10 所示。

图 20-10　LINKSYS 无线路由器

步骤 2 网络环境为普通局域网。在本地计算机上设置 IP 地址为 192.168.80.2, 子网掩码为 255.255.255.0, 默认网关为 192.168.80.1, 如图 20-11 所示。

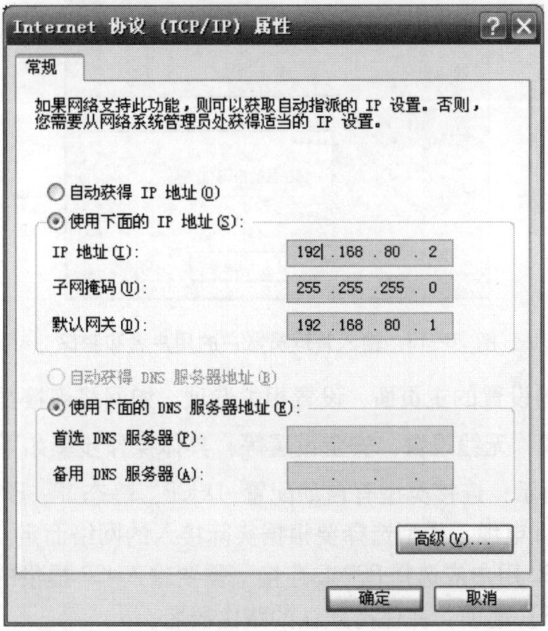

图 20-11　设置 IP 地址

步骤 3 打开 IE 浏览器, 输入路由器的管理地址, 本例为 192.168.80.1, 如图 20-12 所示。

图 20-12　输入管理地址

步骤 4 在弹出的【连接到 192.168.80.1】对话框中，输入管理员账户的用户名和密码。本实训中，用户名为 admin，密码为 admin，如图 20-13 所示。

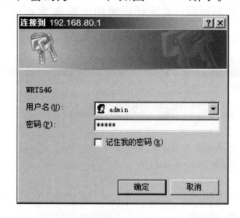

图 20-13　输入管理员账户的用户名和密码

步骤 5 进入路由器设置的主页面，设置相关选项，如网络连接类型、路由 IP 地址（即管理地址）、管理密码、无线设置、安全设置等，具体操作步骤如下。

① 如图 20-14 所示，连接类型有自动配置–DHCP、静态 IP、PPPoE、PPTP、L2TP（第二层隧道协议）、Telstra 电缆。类型选择要根据实际接入的网络而定，不同类型要求输入不同的信息。例如，ADSL 用户应选择 PPPoE 连接，需要输入 ISP 提供的用户名和密码。这里选择【自动配置–DHCP】选项，并保持默认的路由器名。

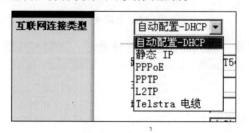

图 20-14　连接类型

② 为方便管理路由器，将路由器管理地址改为实际网络中的某个地址，这里设置为192.168.80.200。

③ DHCP 功能的用途是便于更好地管理用户的 IP 地址，默认是开启的。如果网络中已有一台 DHCP 服务器或不想再使用路由器启动 DHCP 服务，则选择【禁用】单选按钮。在本实训中，为防止与网络中已存在的 DHCP 服务器发生冲突，因此关闭 DHCP 功能。DHCP 的设置界面如图 20-15 所示。

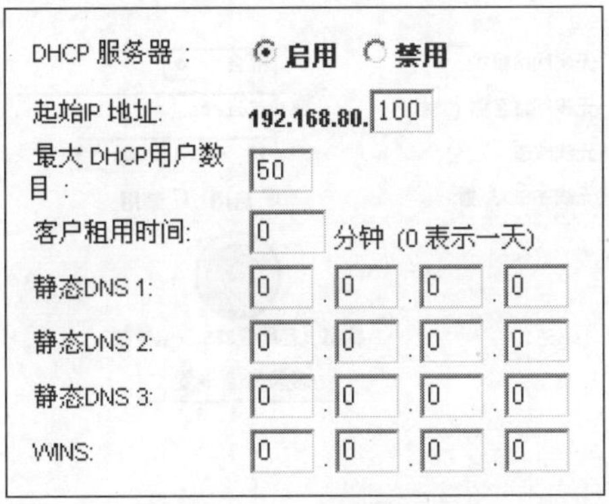

图 20-15　DHCP 设置

其中，各选项的说明如下。

起始 IP 地址：路由器分配的起始 IP 地址，注意不能为路由器的管理地址。

最大 DHCP 用户数目：服务器自动分配的 IP 地址的最大数目。

客户租用时间：用户被允许使用其当前动态 IP 地址连接到路由器的时间。

静态 DNS：互联网上域名服务器的 IP 地址。

WINS：提供 Windows 互联网名称服务的主机的 IP 地址。

设置完的基本设置如图 20-16 所示。

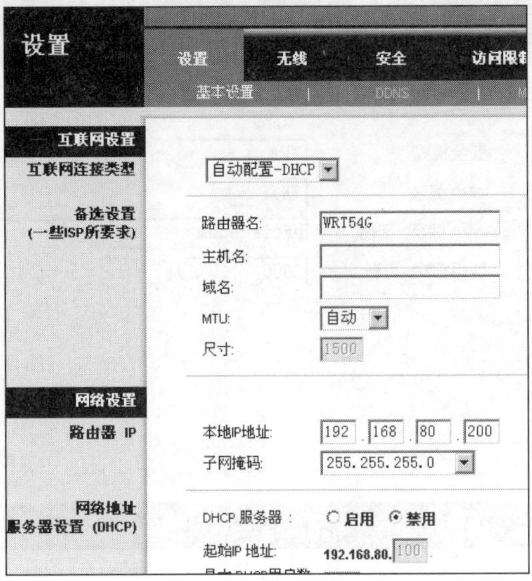

图 20-16　基本设置

④ 选择【无线】选项卡，进入无线网络设置界面。无线功能在默认情况下是关闭的，这里选择【混合】选项，并设置无线网络名称 SSID、无线频道及无线 SSID 广播，如图 20-17 所示。

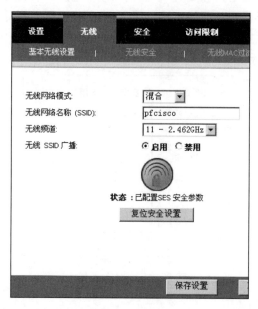

图 20-17　无线设置

⑤ 为了防止其他用户非法连接到无线网络中，需要对连接进行用户和密码确认，在【无线】选项卡中选择【无线安全】设置选项。此功能默认是禁用的，这里在【安全模式】下拉列表框中选择【WPA 个人】选项，在【WPA 算法】下拉列表框中选择 TKIP 选项，设置【WPA 共享密钥】为 pfciscocom，设置【群组密钥更新】为 3600s，如图 20-18 所示。

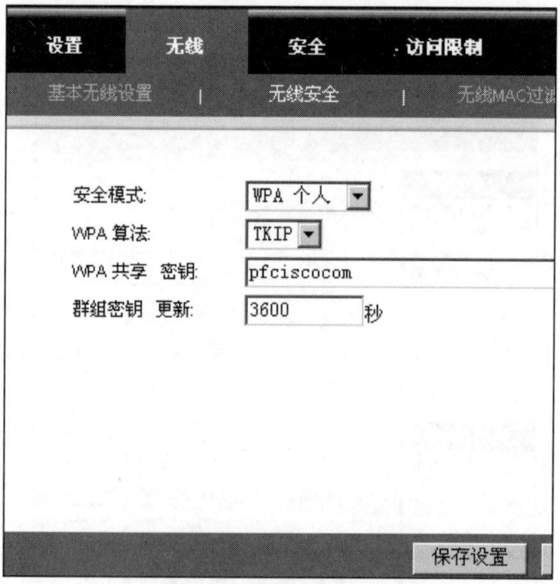

图 20-18　安全设置

至此，无线网络就架设成功了，下面测试一下是否可用。

步骤 6 打开【无线网络连接】窗口，选择 pfcisco，单击【连接】按钮，如图 20-19 所示。

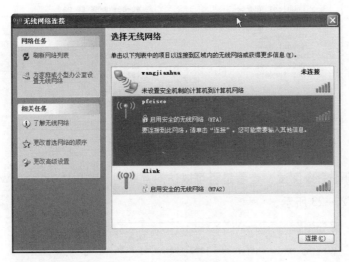

图 20-19　选择无线网络

步骤 7 在弹出的【无线网络连接】对话框中，输入所设置的密码，然后单击【连接】按钮，如图 20-20 所示。

图 20-20　输入密码

步骤 8 显示无线网卡已成功连接到网络的标志，如图 20-21 所示。

图 20-21　连接成功

步骤 9 下面查看是否从网络中已存在的 DHCP 中获取了 IP 地址。在命令提示符窗口中执行"ipconfig /all"命令，看到已经获取到 IP、子网掩码、网关、DNS 等信息，如图 20-22 所示。

```
Ethernet adapter 本地连接:

        Connection-specific DNS Suffix  . :
        Description . . . . . . . . . . . : Intel(R) PRO/100 VE Network
on
        Physical Address. . . . . . . . . : 08-00-46-5E-E8-D2
        Dhcp Enabled. . . . . . . . . . . : Yes
        Autoconfiguration Enabled . . . . : Yes
        IP Address. . . . . . . . . . . . : 192.168.80.20
        Subnet Mask . . . . . . . . . . . : 255.255.255.0
        Default Gateway . . . . . . . . . : 192.168.80.1
        DHCP Server . . . . . . . . . . . : 192.168.1.2
        DNS Servers . . . . . . . . . . . : 192.168.1.9
                                            202.99.160.68
                                            202.99.166.4
                                            219.150.32.132
        Lease Obtained. . . . . . . . . . : 2010年1月25日 8:39:25
        Lease Expires . . . . . . . . . . : 2038年1月19日 11:14:07
```

图 20-22　查看获取的信息

步骤 10 用 ping 命令测试，查看是否可以访问互联网，这里执行 ping www.baidu.com 命令，结果如图 20-23 所示。

```
C:\Documents and Settings\Administrator>ping www.baidu.com

Pinging www.a.shifen.com [202.108.22.5] with 32 bytes of data:

Reply from 202.108.22.5: bytes=32 time=10ms TTL=52
Reply from 202.108.22.5: bytes=32 time=11ms TTL=52
Reply from 202.108.22.5: bytes=32 time=10ms TTL=52
Reply from 202.108.22.5: bytes=32 time=11ms TTL=52

Ping statistics for 202.108.22.5:
    Packets: Sent = 4, Received = 4, Lost = 0 (0% loss),
Approximate round trip times in milli-seconds:
    Minimum = 10ms, Maximum = 11ms, Average = 10ms

C:\Documents and Settings\Administrator>
```

图 20-23　测试网络

步骤 11 至此，无线网络设置完成。另外，还可以根据自己的需要，设置管理员密码；还可以在安全设置中，通过绑定 MAC 地址、禁用 SSID 广播等方法，加强无线网络连接的安全性。

任务小结

　　本任务非常有针对性地介绍了一个无线办公网络的设计方案，在应用中可以根据实际情况进行变更。无线网络是未来办公网络的趋势，在学习计算机组装与维护的时候，也要学习一些网络方面的知识，这对以后成为一个多面手的技术人员是大有裨益的。

Windows PE 使用方法

情景描述

　　张路遥是公司大名鼎鼎的技术骨干，技术非常全面，从网络设备到计算机维护，都由他领导几个年轻小伙子共同完成。他的这个团队非常有活力，在计算机维护这个方向做得很好，听说他们有一个很牛的系统维护光盘，几乎能解决任何问题。其实，他们用的就是 Windows PE 光盘，本任务就带领大家来认识和使用这个功能强大的系统。

要点 1 Windows PE 系统介绍

2002 年 7 月 22 日，微软公司发布了 Windows PreInstallation Environment（Windows PE），从字面上翻译就是"Windows 预安装环境"。

关于 Windows PE 的官方解释如下。

"Windows 预安装环境是拥有少量服务的最小 Win32 子系统，基于以保护模式运行的 Windows XP Professional 内核。它包括运行 Windows 安装程序及脚本、连接网络共享、自动化基本过程以及执行硬件验证所需的最小功能。"换句话说，可把 Windows PE 看做一个只拥有最少核心服务的迷你操作系统。

Windows PE 系统是一个只拥有较少（但是非常核心）服务的 Win32 子系统。通过这些服务，可以实现安装 Windows 系统、共享网络、检测硬件等功能。

在 Windows PE 系统中最常用的功能包括：查看 USB 2.0/SCSI/Netcard 设备、进行磁盘分区/格式化、磁盘克隆、修改密码、数据恢复、系统安装等日常应急维护操作。与同性质的 DOS 系统维护工具相比，Windows PE 系统更容易操作和上手，并且它有体积小、启动快等特点，因此能提高用户的维护效率。

要点 2 使用 Windows PE 系统的方案

一般可以从网上下载到 Windows PE 系统的光盘镜像文件（ISO 格式），再用刻录工具把镜像文件刻录成光盘，然后就可以从这个光盘中启动系统。Windows PE 系统的功能非常强大，是系统维护必备工具，其常用的功能如下。

1．挽救文件

在日常办公过程中，好多人习惯直接在 Windows 桌面上编辑文件，把文件直接存放在【我的文档】中。这种操作符合微软的习惯，但是一旦系统瘫痪便不能启动，系统盘中的文件就会丢失，因此往往造成很大的损失。使用 Windows PE 系统光盘，可以轻松地把重要文件从系统盘中复制到 U 盘或其他位置。

2．无光驱安装系统

如果操作系统真的无法启动，但没有现成的系统安装光盘，甚至有的计算机连光驱都没有。这时，只要计算机上保存有 ISO 格式的系统安装文件，就可以使用 Windows PE 来启动系统，并用硬盘上的 ISO 文件安装操作系统。

3．使用 Ghost 恢复系统

重装 Windows 系统需要花很长时间，很多人喜欢在安装完系统后使用 Ghost 进行备份。如果需要重装系统，可以使用 Ghost 的一键恢复功能来恢复系统。如果有做好的 Ghost 系统安装文件，那么可以使用 Windows PE 来启动系统，然后通过运行 Ghost 恢复文件来安装系统，这也是一种非常完美的解决方案。

下面通过 4 个实训来学习 Windows PE 系统的使用。

实训 1

使用 Windows PE 的 DOS 工具箱

本实训先来了解 Windows PE 的基本用法，具体过程如下。

步骤 1 开机后按 Del 键（有的计算机是 F2 键），进入 BIOS 设置界面，设置为从光盘启动系统。

步骤 2 插入 Windows PE 启动光盘，重新启动计算机，进入 Windows PE 光盘启动界面，如图 21-1 所示。网络上有众多版本的 Windows PE 系统，各个版本的启动界面可能会略有差别，功能也会有所不同，但一般都会有"运行 Windows PE"这一项。

GHOST XP SP3装机版

[1]　安装XP系统到硬盘第一分区
[2]　运行 Win PE 光盘维护系统
[3]　深山红叶 DOS 工具箱增强版
[4]　运行DM9.57硬盘分区万用版
[5]　运行PM8.05繁体中文分区工具
[6]　瞬间把硬盘分成4个区(请慎用)
[7]　手动Ghost 11(支持USB/SATA)
[8]　运行MHDD硬盘检测程序
[0]　运行R.S.T电脑内存检测程序
[ESC]　从硬盘启动计算机

图 21-1　光盘启动界面

从图中可以看出，Windows PE 系统的功能很多，下面介绍第 3 个菜单，即【深山红叶 DOS 工具箱增强版】，它是系统维护的核心工具。

步骤 3 按键盘上的【3】键，进入 DOS 工具箱，如图 21-2 所示。

图 21-2　DOS 工具箱

步骤 4 在 DOS 命令提示符下输入 ghost，按 Enter 键，就可以直接启动 Ghost 软件，如图 21-3 所示。启动后的 Ghost 界面如图 21-4 所示，可以用它来备份或恢复系统。

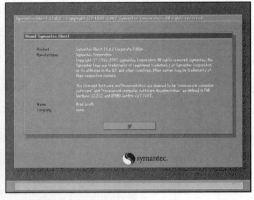

图 21-3　运行 Ghost 软件　　　　　　　　图 21-4　Ghost 主界面

步骤 5 使用 Ghost 完成任务后，回到 DOS 主界面，此时还可以运行其他软件。例如，在命令提示符下输入 diskgen，并按 Enter 键，如图 21-5 所示，可启动 Disk Genius 软件。

图 21-5　运行 Disk Genius 软件

可以用 Disk Genius 软件对硬盘进行分区、格式化、恢复丢失的分区表等操作，其主界面如图 21-6 所示。

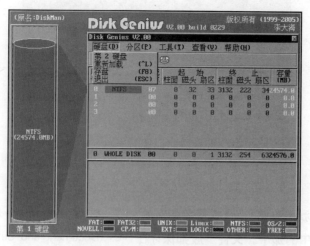

图 21-6　Disk Genius 主界面

同样，用户再次回到 DOS 工具箱的主界面下，此时还可以运行工具箱中的其他软件。DOS 工具箱是日常维护系统必不可少的工具，一定要熟练使用。

实训 2　系统无法启动时使用 Windows PE 光盘备份文件

如果因中毒导致系统崩溃，必须重新安装系统，但很多重要文件还在系统盘的【我的文档】文件夹中。这时可以使用 Windows PE 光盘启动系统，然后找到所需的文件，复制到 U 盘或其他位置，具体操作如下。

步骤 1　使用 Windows PE 光盘启动系统后，进入光盘启动界面，按【2】键，选择【运行 Win PE 光盘维护系统】，启动 Windows PE 系统，如图 21-7 和图 21-8 所示。

图 21-7　启动 Windows PE 过程

图 21-8　Windows PE 欢迎画面

Windows PE 系统启动完毕后，进入 Windows PE 桌面，如图 21-9 所示。可以看到，Windows PE 桌面和 Windows XP 界面类似。

图 21-9　Windows PE 系统桌面

步骤 2 打开【我的电脑】，查找需要备份的文件。注意，Windows PE 桌面上的【我的文档】并非原系统中的那个。文件一般都保存在 "C:\Document and Settings\All Users\桌面" 中，如图 21-10 所示。

图 21-10　文件路径

步骤 3 找到所需的文件后，插入 U 盘，把文件复制到 U 盘中即可。具体操作方法与 Windows XP 中的一样，这里不再介绍。

实训 3　从硬盘上的系统安装文件夹中安装操作系统

如果已下载了 ISO 格式的系统镜像文件，可以把 ISO 文件解压到一个文件夹中，然后用 Windows PE 来从这个文件夹中自动安装操作系统，具体操作步骤如下。

步骤 1 启动 Windows PE 系统后，执行【开始】|【程序】|【Windows 系统维护】|【Windows 安装助手】菜单命令，如图 21-11 所示。弹出【《Windows XP 安装助手》老九汉化版 V1.8】对话框，如图 21-12 所示。

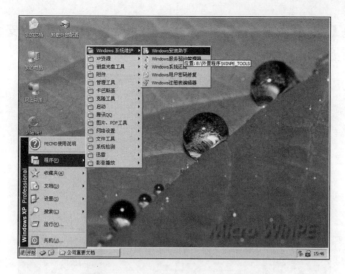

图 21-11 启动 Windows 安装助手

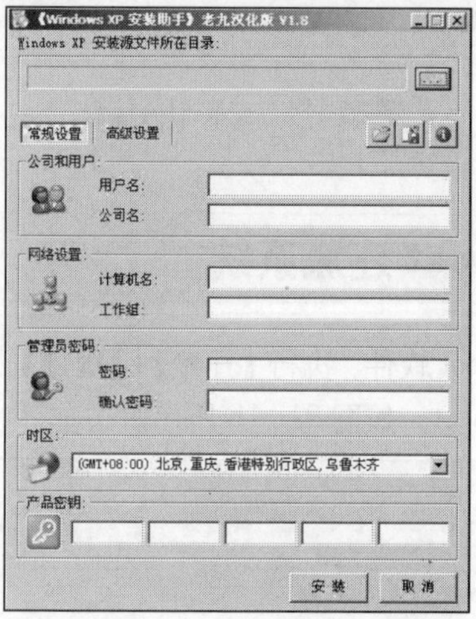

图 21-12 【《Windows XP 安装助手》老九汉化版 V1.8】对话框

步骤 2 单击【Windows XP 安装源文件所在目录】文本框右侧的【…】按钮，在弹出的【浏览文件夹】对话框中选择系统文件所在的路径，如图 21-13 所示。

图 21-13 选择 ISO 镜像文件

步骤 3 单击【确定】按钮，返回原对话框，输入相关信息，单击【安装】按钮，完成 Windows XP 系统的安装，如图 21-14 所示。

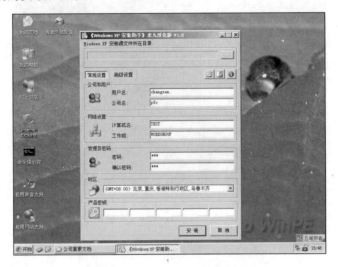

图 21-14 安装相关信息

 实训 4

利用 Ghost 还原系统

Windows PE 还自带了 Ghost 软件，执行【开始】|【程序】|【克隆工具】|【诺顿 Ghost32 v11】菜单命令，即可启动 Ghost，如图 21-15 所示。

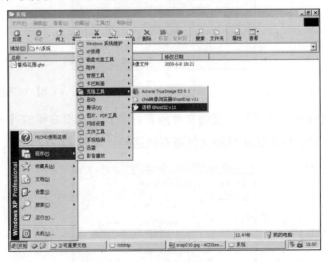

图 21-15 启动 Ghost 软件

在 Windows PE 中进行备份和还原操作非常方便，这里不再讲述。

本任务学习了使用 Windows PE 光盘维护系统的基本方法，网上有很多版本的 Windows PE 光盘镜像文件，功能基本都类似。Windows PE 光盘的功能非常强大，因此作为系统维护人员，要想提高工作效率，最好能熟练掌握它的使用。

使用 Ghost 备份还原操作系统

情景描述

　　王小路是公司计算机系统维护专员，公司的规模比较大，技术人员又非常少，所以对设备的维护消耗了他很大的精力，每天都会有新的问题，他急需一个高效的系统维护方案。在本任务中设计了一个对系统进行备份和快速还原的解决方案，它对小王的工作效率有很大的提高。

要点 1

Ghost 介绍

1. 什么是 Ghost

Ghost（General Hardware Oriented Software Transfer，面向通用型硬件系统传送器）软件是美国赛门铁克公司推出的一款出色的硬盘备份还原工具，可以实现 FAT16、FAT32、NTFS、OS2 等多种硬盘分区格式的分区及硬盘的备份还原，俗称克隆软件。

之所以称为克隆软件，是因为 Ghost 的备份还原是以硬盘的扇区为单位进行的。也就是说，可以将一个硬盘上的物理信息完整复制，而不仅仅是数据的简单复制。Ghost 支持将分区或硬盘直接备份到一个扩展名为 .gho 的文件里（赛门铁克公司把这种文件称为镜像文件），也支持直接备份到另一个分区或硬盘里。

由于 Ghost 在备份还原时按扇区来进行复制，所以在操作时一定要小心，不要把目标盘（分区）弄错了，否则将会把目标盘（分区）的数据全部抹掉，抹掉后根本没有恢复的可能性，所以一定要认真、细心，但也不要太紧张。Ghost 的使用很简单，弄懂关键单词的意思就能理解它的用法，加上认真的态度，一定可以掌握 Ghost 的使用方法。

2. 预备知识

Disk：磁盘。

Partition：分区。在操作系统里，每个硬盘盘符（如 C 盘）都对应着一个分区。

Image：镜像。镜像是 Ghost 的一种存放硬盘或分区内容的文件格式，扩展名为 .gho。

To：到。在 Ghost 里，To 可以简单理解为"备份到"的意思。

From：从。在 Ghost 里，From 可以简单理解为"从……还原"的意思。

To Partition：将一个分区（称为源分区）直接复制到另一个分区（目标分区），注意操作时，目标分区空间不能小于源分区。

To Image：将一个分区备份为一个镜像文件，注意存放镜像文件的分区不能比源分区小，最好是比源分区大。

From Image：从镜像文件中恢复分区（将备份的分区还原）。

要点 2

Ghost 备份系统

完成操作系统及各种驱动的安装后，将常用的软件（如杀毒软件、媒体播放软件、Office办公软件等）安装到系统所在盘，接着安装操作系统和常用软件的各种升级补丁，然后优化系统，最后就可以在 DOS 下做系统盘的备份了。注意备份盘的大小不能小于系统盘。

如果因疏忽，在装好系统一段时间后才想起要备份，那也没关系，备份前最好先将系统盘里的垃圾文件清除，注册表里的垃圾信息也清除（推荐用 Windows 优化大师），然后整理系统盘磁盘碎片，整理完成后到 DOS 下进行克隆备份。

当系统运行缓慢（此时多半是由于经常安装卸载软件，残留或误删了一些文件，导致系统紊乱），或系统崩溃，或中了比较难杀除的病毒时，就可以进行还原。有时，如果长时间没有整理磁盘碎片，又不想花上半个小时甚至更长的时间进行整理，就可以直接恢复备份的系统，这样比单纯整理磁盘碎片的效果要好得多。

在备份还原时一定要注意选对目标硬盘或分区。

操作与实训

此实训中将详细介绍 Ghost 备份系统的操作步骤。

 实训 1　准备工作

步骤 1 Ghost 是著名的备份工具，在 DOS 下运行，因此须准备一张 DOS 启动盘（如 Windows 98 启动盘）。

步骤 2 下载 Ghost 程序，在各大软件站均可免费下载。本实训使用系统工具光盘自带的 Ghost 程序。

步骤 3 为了减小备份文件的体积，建议禁用系统还原、休眠、清除临时文件和垃圾文件，将虚拟内存设置到非系统区。

步骤 4 将计算机设置为从光盘启动，启动顺序设置界面如图 22-1 所示。

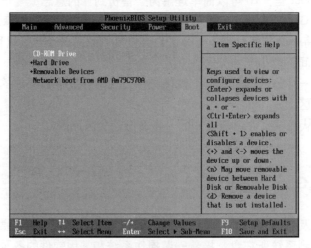

图 22-1　启动顺序设置界面

步骤 5 设置完成后按 F10 键，弹出如图 22-2 所示的对话框，单击 Yes 按钮，保存退出。

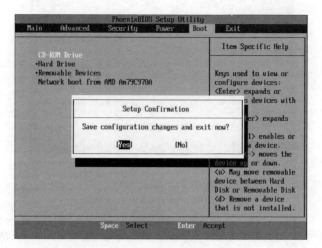

图 22-2 保存退出

实训 2

用 Ghost 11 备份分区

使用 Ghost 进行系统备份，有备份整个硬盘和备份分区两种方式。下面以备份 C 盘为例，建议在安装系统后，用 Ghost 备份一下，以防不测。当需要重新安装系统时，只需 5 分钟即可恢复成全新的系统。Ghost 11 版本支持 FAT16、FAT32 和 NTFS 文件系统。

步骤 1 从光盘引导 Ghost 程序，选择【手动 Ghost 11（支持 USB/SATA）】。引导程序界面如图 22-3 所示。

图 22-3 引导程序界面

步骤 2 在命令提示符下输入 Ghost 后按 Enter 键，即可开启 Ghost 程序，如图 22-4 所示。

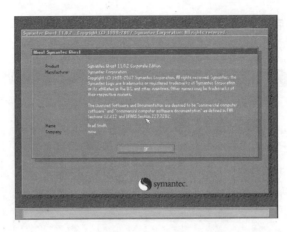

图 22-4　Ghost 界面

步骤 3　单击 OK 按钮，进入 Ghost 程序主界面，如图 22-5 所示。

主界面上有 4 个可用选项：Quit（退出）、Help（帮助）、Options（选项）和 Local（本地）。其中，Local 菜单下有 3 个菜单项。

- Disk：表示备份整个硬盘（即硬盘克隆）。
- Partition：表示备份硬盘的单个分区。
- Check：表示检查硬盘或备份的文件，查看是否可能因分区、硬盘被破坏等造成备份或还原失败。

本任务要对本地磁盘进行操作，应选 Local 选项。当前默认选中 Local（文字变白色），按键盘上的向右方向键展开子菜单，再用向上或向下方向键选择。

步骤 4　依次选择 Local（本地）|Partition|To Image（产生镜像）选项，如图 22-6 所示，弹出硬盘选择对话框，因为这里只有一个硬盘，所以直接按 Enter 键，然后单击 OK 按钮，如图 22-7 所示。

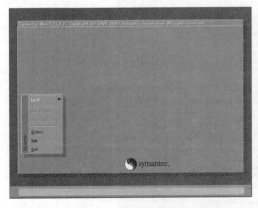

图 22-5　Ghost 主界面

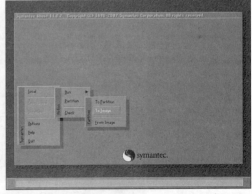

图 22-6　选择备份选项

步骤 5　选择要备份的分区，可用键盘方向键进行操作：选择第一个分区（即 C 盘）后按 Enter 键。这时，OK 按钮由灰色（不可选择）变为高亮（可以选择）。按 Tab 键切换到 OK

按钮（文字变白色），按 Enter 键确认，如图 22-8 和图 22-9 所示。

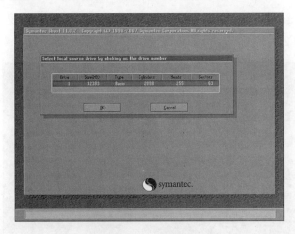

图 22-7　选择硬盘

图 22-8　选择分区

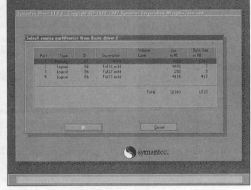

图 22-9　确认分区

步骤 6　选择存放镜像文件的分区：按 Tab 键，切换到 Look in 下拉列表框，如图 22-10 所示。

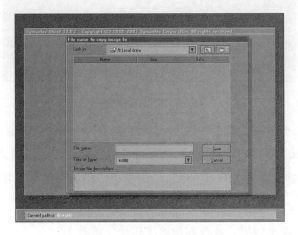

图 22-10　切换到 Look in

步骤 7 按 Enter 键选择存放镜像文件的分区,选分区时须注意将镜像文件存放在有足够空间的分区中, 如图 22-11 所示。

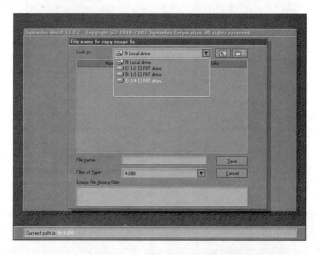

图 22-11 选择存放分区

步骤 8 这里选择分区 E, 然后按 Enter 键确认, 此时将显示此分区中的其他文件, 如图 22-12 所示。

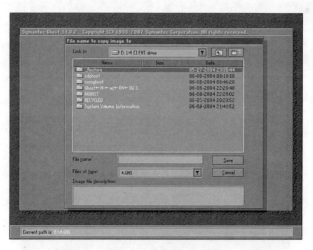

图 22-12 分区信息

步骤 9 确认选择分区及路径后, 按 Tab 键切换到 File name 文本框, 输入镜像文件的名称, 如输入 "cxp.gho"。注意镜像文件的名称带有扩展名 GHO, 如图 22-13 所示。

步骤 10 按 Enter 键, 弹出提示对话框, 询问是否压缩备份数据, 并给出以下 3 个选择。

- No: 表示不压缩。
- Fast: 表示压缩比例小, 执行备份速度较快 (推荐)。
- High: 表示压缩比例高, 但执行备份速度比较慢。

图 22-13 输入文件名

如果不需要经常执行备份与还原操作，可选择 High，所用时间会多 3～5min，但镜像文件的大小可减小不少。用键盘方向键进行选择，如图 22-14 所示。

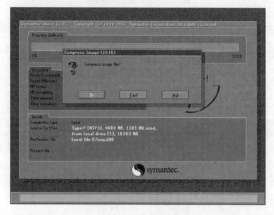

图 22-14 选择压缩比

步骤 11 选择好压缩比后按 Enter 键即开始进行备份，整个备份过程一般需要 5～20min（时间长短与 C 盘中数据的多少及硬件速度等因素有关），完成后会弹出如图 22-15 所示的提示对话框。

图 22-15 提示完成备份

步骤 12 按 Enter 键，然后用向下方向键选择 Quit 并按 Enter 键，弹出如图 22-16 所示的提示对话框。

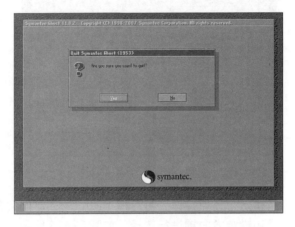

图 22-16　确认退出

步骤 13 按 Enter 键后即完全退出 Ghost 程序，返回 DOS 环境，显示提示符 "A：>_"，按 Ctrl+Alt+Del 组合键重新启动计算机，进入 Windows XP 系统，打开 E 盘即可看到备份的文件。

实训 3　用 Ghost 11 恢复分区备份

如果硬盘分区数据受到损坏，甚至系统被破坏而不能启动，可以用备份好的数据进行完全恢复而无须重新安装操作系统及应用程序。

下面将存放在 E 盘根目录下原 C 盘的镜像文件 cxp.gho 恢复到 C 盘。

步骤 1 进入 DOS 环境，运行 Ghost.exe 程序，进入 Ghost 主界面。

步骤 2 选择 Local（本地）|Partition（分区）|From Image（恢复镜像）菜单命令，如图 22-17 所示。

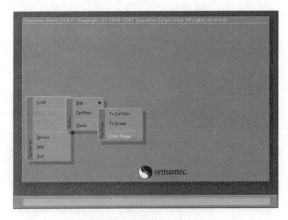

图 22-17　选择恢复

步骤 3 选择镜像文件所在的分区，如图 22-18 所示，并用方向键选择文件名为 cxp.gho 的镜像文件，按 Ente 键确认。

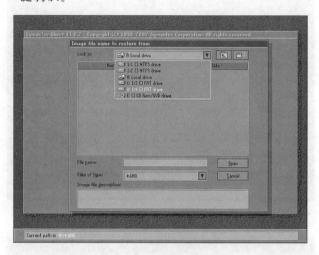

图 22-18　选择镜像文件

步骤 4 在随后弹出的对话框中选择将镜像文件恢复到哪个硬盘。这里只有一个硬盘，因此不用进行选择，单击 OK 按钮，如图 22-19 所示。

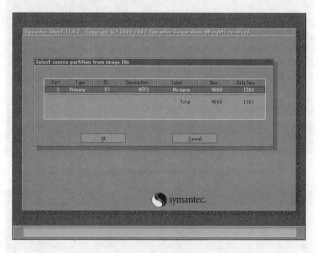

图 22-19　选择硬盘

步骤 5 随后弹出的对话框中会显示硬盘分区信息，在此对话框中选择要将镜像文件恢复到哪个分区。这里要将镜像文件恢复到 C 盘（即第一个分区），所以选第一项（第一个分区），按 Enter 键确认，并单击 OK 按钮，如图 22-20 所示。

步骤 6 弹出【Question：(1823)】提示对话框，提示将会覆盖选中分区的现有数据，单击 Yes 按钮，开始恢复，如图 22-21 所示。

步骤 7 在恢复过程中会看到恢复进度栏，如图 22-22 所示。恢复完成后，提示重启计算机或返回 Ghost 主界面，如图 22-23 所示。

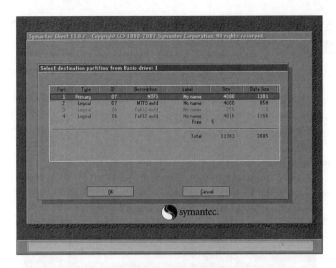

图 22-20　选择分区

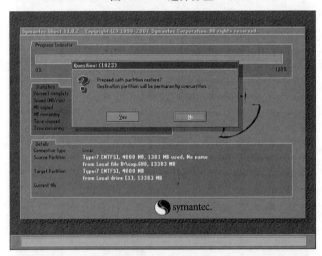

图 22-21　确认恢复

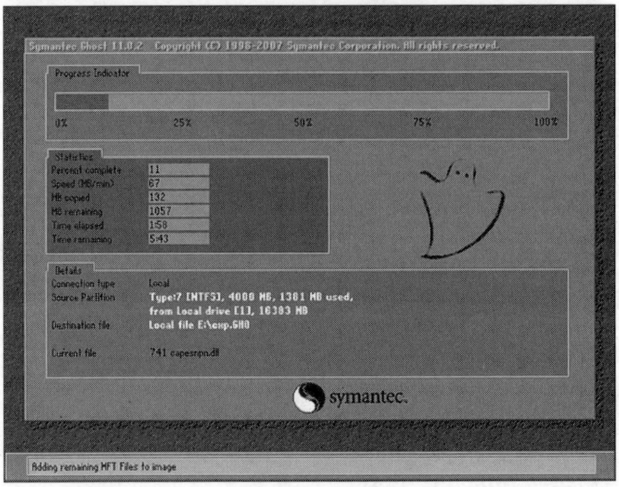

图 22-22　恢复过程

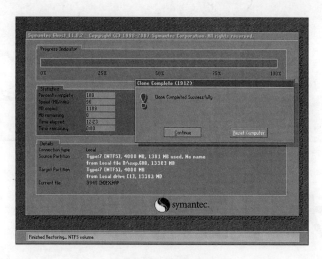

图 22-23　完成恢复

任务小结

　　本任务介绍了使用 Ghost 工具进行备份和还原系统的方法。Ghost 工具对于单机的维护非常方便，使用 Ghost 工具进行多机维护也很方便，这需要维护人员在实践中慢慢摸索。

分区大师使用方法

情景描述

王小路掌握了使用 Ghost 工具对系统进行备份和还原的技术，工作效率大大提高，可是新的问题又出现了，由于办公使用的计算机分区大小和规划非常混乱，他迫切希望能够掌握一个有效管理磁盘分区的好方法，因此本任务将介绍如何对硬盘进行分区管理。

任务学习引导

1．分区大师介绍

PowerQuest PartitionMagic（PQ）是一个优秀的分区大师，该硬盘管理工具功能强大，可以在不损失硬盘中已有数据的前提下对硬盘进行重新分区、格式化分区、复制分区、移动分区、隐藏/重现分区、从任意分区引导系统、转换分区结构属性等。

2．分区大师使用注意事项

分区大师的使用注意事项如下。

- 使用 PQ 之前应该备份数据。
- 检查文件系统，并确保硬盘没有错误。
- 调整分区之前应整理磁盘碎片。
- 在 DOS 单任务的 OS 环境下使用 PQ。
- 运行 PQ 时不要中断操作，因为可能会造成严重后果。

3．分区小知识

主分区，也称为主磁盘分区。它与扩展分区、逻辑分区一样，是一种分区类型。主分区中不能再划分其他类型的分区，因此每个主分区都相当于一个逻辑磁盘（在这一点上，主分区和逻辑分区相似，但主分区是直接在硬盘上划分，而逻辑分区则必须建立在扩展分区中）。

主分区、扩展分区和逻辑分区之间的区别以及联系如下：一个硬盘可以有一个主分区和扩展分区，也可以只有一个主分区而没有扩展分区。逻辑分区可以有若干个。主分区是硬盘的启动分区，主分区是独立的，也是硬盘的第一个分区。确立主分区后，剩下的分为扩展分区。但扩展分区是以逻辑分区的方式来使用的，所以说，一个扩展分区可分成若干个逻辑分区。它们之间是包含的关系，所有的逻辑分区都属于扩展分区。硬盘的容量＝主分区的容量＋扩展分区的容量，扩展分区的容量是各个逻辑分区的容量之和。

操作与实训

实训 1

使用分区大师进行分区调整

本实训以 80GB 的硬盘为例，分 3 个分区：C 盘为 10GB，D 盘为 30GB，E 盘为 40GB。

步骤 1 首先从 DOS 引导进入 PQ 主界面，在主界面中可以看到硬盘信息，如图 23-1 所示。

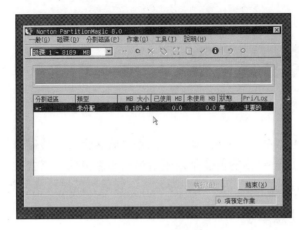

图 23-1 PQ 主界面

步骤 2 选择【作业】|【建立】菜单命令，如图 23-2 所示。

图 23-2 【作业】菜单

步骤 3 在弹出的【建立分割磁区】对话框的【建立为】下拉列表框中选择【主要分割磁区】选项，如图 23-3 所示。

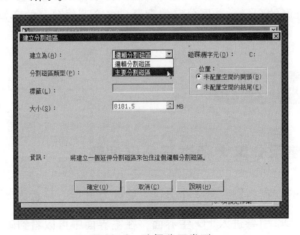

图 23-3 选择分区类型

步骤 4 在【分割磁区类型】中选择文件系统格式 FAT32，如图 23-4 所示。

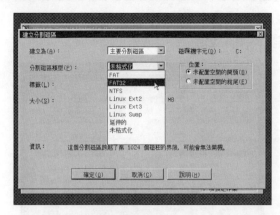

图 23-4　选择分区格式

步骤 5 在【大小】设置框中设置分区大小，这里输入 2000，然后单击【确定】按钮，如图 23-5 所示。

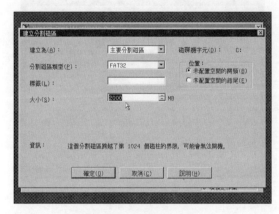

图 23-5　设置分区大小

步骤 6 返回 PQ 主界面，可以看到分区信息，如图 23-6 所示。

图 23-6　分区信息

步骤 7 选择【未分配】选项，再选择【作业】|【建立】菜单命令，如图 23-7 所示。在弹出的【建立分割磁区】对话框中划分逻辑分区（即 D 盘和 E 盘），并设置分割磁区类型、大小，最后单击【确定】按钮，如图 23-8 所示。

图 23-7　【作业】菜单

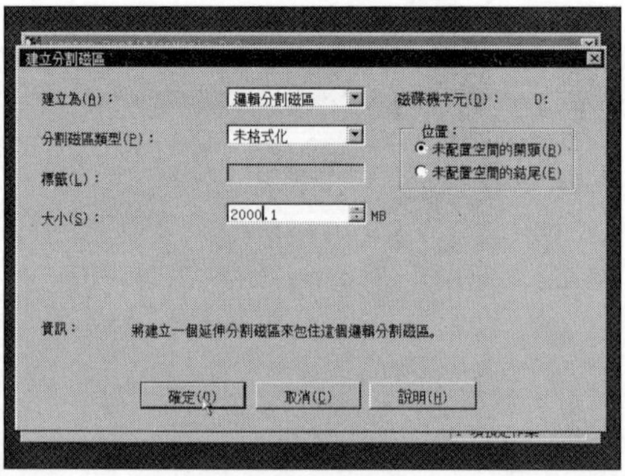

图 23-8　建立逻辑分区

步骤 8 所有分区划分好后，一定要激活主分区。操作如下：单击分区 C，选择【作业】|【进阶】|【设置为作用】菜单命令，如图 23-9 所示。弹出【设定作用分割磁区】提示对话框，单击【确定】按钮，如图 23-10 所示。

图 23-9　激活主分区

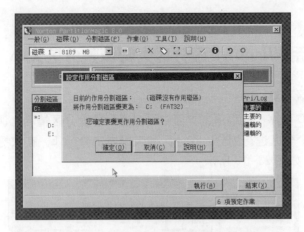

图 23-10　【设定作用分割磁区】提示对话框

步骤 9 单击【执行】按钮, 弹出【执行变更】提示对话框, 如图 23-11 所示。单击【是】
按钮, 开始执行操作, 如图 23-12 所示。至此, 硬盘分区操作完成。

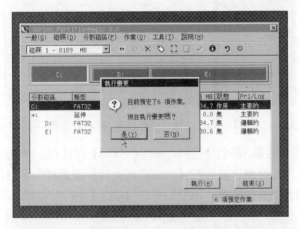

图 23-11　执行变更

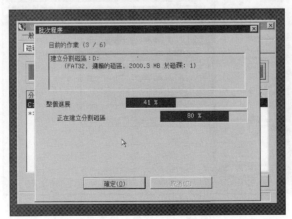

图 23-12　执行进度栏

实训 2 用 Windows 版分区大师调整分区大小

步骤 1 调整分区容量。

① 启动 PQ 8.0 程序，在程序主界面中可以看到硬盘分区情况，调整分区前须确定从当前分区中的某一个分区进行划分。在分区列表中右击分区 E，在快捷菜单中选择【调整容量/移动】命令，如图 23-13 所示。

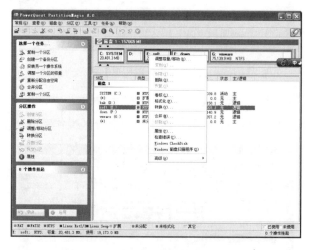

图 23-13 选择【调整容量/移动】命令

② 随后弹出【调整容量/移动分区-E：soft（NTFS）】对话框。在该对话框的【新建容量】设置框中输入该分区的新容量。随后在【自由空间之后】设置框中会自动出现剩余分区的容量，该剩余容量即划分出来的容量，调整后单击【确定】按钮，如图 23-14 所示。

图 23-14 设置分区参数

 提 示 ● ● ●

调整分区大小时，也可以用直接拖动该对话框最上面的分区容量滑块直接调整。

③ 此时看到，已经划出一块未分配的空间，单击左侧【分区操作】中的【创建分区】选项，弹出【创建分区】对话框，如图 23-15 所示。在【分区类型】下拉列表框中选择分区格式，在【卷标】文本框中输入该分区的卷标，在【容量】设置框中输入配置分区的容量，然后单击【确定】按钮。

图 23-15　输入新分区参数

程序默认为将所有未分配空间创建为一个分区，如果想将这块未分配空间分为多个分区，在此设置分区的大小即可。

步骤 2　格式化分区。

分区创建成功后，新创建的分区要进行格式化才能使用，具体操作步骤为：右击需要格式化的分区 L，在弹出的快捷菜单中选择【格式化】命令，弹出【格式化分区-L：(NTFS)】对话框，在该对话框中选择分区类型和卷标，单击【确定】按钮，如图 23-16 所示。

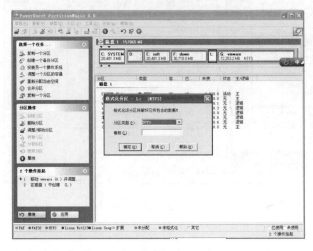

图 23-16　【格式化分区-L：(NTFS)】对话框

创建系统分区。

分区调整后，有时还需要多安装一个操作系统，利用 PQ 工具可以为系统重新划分一个新的分区，并确保它有正确的属性以支持该操作系统。假设要安装 Windows XP 系统，具体操作步骤为：单击左侧【选择一个任务】中的【安装另一个操作系统】选项，弹出【安装另一个操作系统向导】对话框，单击【下一步】按钮，如图 23-17 所示。

图 23-17　【安装另一个操作系统向导】对话框

步骤 4 选择操作系统。

在【安装另一个操作系统向导-选择操作系统】对话框中，需要在多种操作系统类型中选择要安装的操作系统类型，这里选择 Windows XP 单选按钮，再单击【下一步】按钮，如图 23-18 所示。

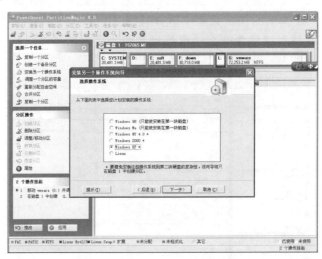

图 23-18　选择操作系统类型

步骤 5 选择创建位置。

在【安装另一个操作系统向导-创建位置】对话框中选择新分区所在位置，如选择【在

C：SYSTEM 之后但在 E：soft 之前】选项，就可以在 C 盘和 E 盘之间直接创建一个新的系统
分区。单击【下一步】按钮，如图 23-19 所示。

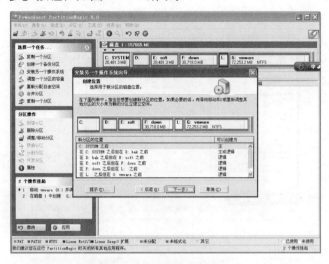

图 23-19　选择创建位置

步骤 6 提取空间。

随后进入【安装另一个操作系统向导-从哪个分区提取空间】对话框，需要勾选所需
要提取空间的分区，程序支持同时从多个分区中提取空间。选择好后单击【下一步】按钮，
如图 23-20 所示。

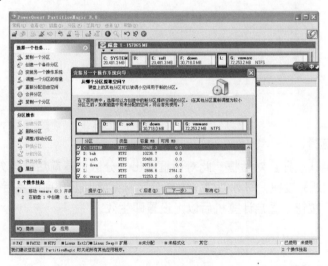

图 23-20　选择从哪个分区提取空间

步骤 7 分区属性。

随后进入【安装另一个操作系统向导-分区属性】对话框，在其中对分区的大小、卷
标、分区类型等进行设置，单击【下一步】按钮，如图 23-21 所示。

步骤 8 设置分区。

随后进入【安装另一个操作系统向导-设置分区为活动】对话框，如果现在就需要安

装操作系统，在此选择【立即】单选按钮；如果要在以后再安装系统，在此选择【稍后】单选按钮，单击【下一步】按钮，如图 23-22 所示。

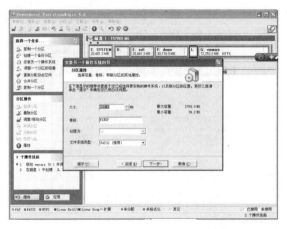

图 23-21　选择分区参数

图 23-22　选择执行方式

步骤 9　确认选择。

随后弹出【确认选择】对话框，此对话框给出了分区创建前后硬盘分区的对比图，确认无误后单击【完成】按钮，即可创建一个新分区。完成以上几项设置后，单击 PQ 主界面中下方的【应用】按钮，重启计算机后以上设置即生效。

任务小结

本任务介绍在操作系统平台中借助分区大师对硬盘进行管理的操作方法。分区大师的功能非常强大，可以根据用户的需求任意调整。建议在操作之前先备份重要的数据。

使用 Disk Genius 工具重建分区表

情景描述

　　系统维护知识的日益丰富，对王云的技术成长非常有好处，他对技术的学习也越来越感兴趣，他目前对系统维护光盘的使用已经非常娴熟，对系统的备份和恢复也驾轻就熟了。可是，有一次用分区大师进行分区调整时，不小心把好多东西都弄丢了，这让他很尴尬，那么有没有针对系统分区误操作的恢复方法呢？答案是肯定的。本任务将介绍一种可以恢复系统的软件。

任务学习引导

要点 1 Disk Genius 工具介绍

Disk Genius 是一款硬盘分区及数据恢复工具。它是在最初的 DOS 版的基础上开发而成的。Windows 版本的 Disk Genius 工具，除了继承 DOS 增强版的大部分功能外（少部分没有实现的功能将会陆续加入），还增加了许多新的功能，如已删除文件恢复、分区复制、分区备份、硬盘复制等功能。另外，还增加了对 VMWare 虚拟硬盘的支持。

Disk Genius 软件的主要功能及特点如下。

- 支持传统的 MBR 分区表格式及较新的 GUID 分区表格式。
- 支持基本的分区建立、删除、隐藏等操作，可指定详细的分区参数。
- 支持 IDE、SCSI、SATA 等各种类型的硬盘，支持 U 盘、USB 硬盘、存储卡（闪存卡）。
- 支持 FAT16、FAT32、NTFS 等文件系统。
- 可浏览包括隐藏分区在内的任意分区内的任意文件，包括通过正常方法不能访问的文件。可通过直接读写磁盘扇区的方式读写文件、强制删除文件。
- 支持 FAT16、FAT32、NTFS 分区的已删除文件恢复、分区误格式化后的文件恢复，且成功率较高。
- 增强的已丢失分区恢复（重建分区表）功能。在恢复过程中，可即时显示搜索到的分区参数及分区中的文件。搜索完成后，可在不保存分区表的情况下恢复分区中的文件。
- 支持 VMWare 虚拟硬盘文件（.vmdk 文件）。打开虚拟硬盘文件后，即可像操作普通硬盘文件一样操作虚拟硬盘文件。

要点 2 Disk Genius 的特点

Disk Genius 不仅提供了基本的硬盘分区功能（如建立、激活、删除、隐藏分区），还具有强大的分区维护功能（如分区表备份和恢复、分区参数修改、硬盘主引导记录修复、重建分区表等）。此外，它还具有分区格式化、分区无损调整、硬盘表面扫描、扇区复制、彻底清除扇区数据等实用功能。

硬盘分区

未建立分区的硬盘空间（即自由空间）在分区结构图中显示为灰色，只有在硬盘的自由空间中才能新建分区。

分区参数表的第 0~3 项分别对应硬盘主分区表的 4 个表项，而将来新建的第 4、5、6……项分别对应逻辑盘 D、E、F……。当硬盘只有一个主分区和扩展分区时（利用 FDISK 进行分区的硬盘一般都是这样的），第 0 项表示主分区（逻辑盘 C）的分区信息，第 1 项表示扩展分区的信息，第 2 项和第 3 项则全部为零，不对应任何分区，所以无法选中，如图 24-1 所示。

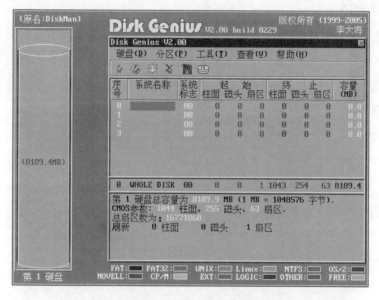

图 24-1 未建立分区的新硬盘

1. 建立主分区

如果要从硬盘引导系统，那么硬盘上至少需要有一个主分区，所以建立主分区就是第一步。先选中分区结构图中的灰色区域，然后选择【分区】|【新建分区】菜单命令，此时会要求输入主分区的大小。确认之后，软件会询问是否建立 DOS FAT 分区，如果选择【是】，软件会根据刚刚填写的分区大小进行设置，小于 640MB 时，该分区将被自动设为 FAT16 格式，而大于 640MB 时，分区则会自动设为 FAT32 格式；如果选择【否】，软件将会提示手工填写一个系统标志，并在右边窗格的下部给出一个系统标志的列表供用户参考和填写。确认之后，就完成主分区的建立了，如图 24-2 所示建立了一个 FAT32 主分区。

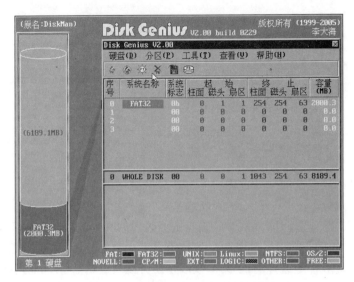

图 24-2　建立了一个 FAT32 主分区

2．建立扩展分区

建立主分区之后，接着要建立扩展分区。首先在左侧硬盘空间的柱状图上单击未分配的灰色区域，选择【分区】|【建扩展分区】菜单命令，之后会提示要求输入新建的扩展分区的大小。通常情况下，应该将所有的剩余空间都建立为扩展分区，所以这里可以直接按Enter 键确认。如图 24-3 所示为【分区】菜单。

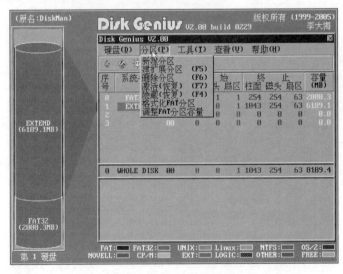

图 24-3　【分区】菜单

至此，扩展分区已经创建完成了。如图 24-4 所示，扩展分区就是用绿色表示的部分。

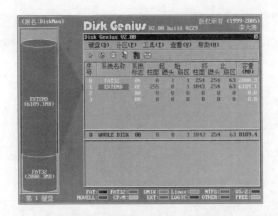

图 24-4 建立好的扩展分区（绿色区域）

注 意

当硬盘上已有一个扩展分区时，就不能再建立扩展分区了。如果想将某个与扩展分区相邻的自由空间再分割成扩展分区（即扩大"扩展分区"的范围），只能采取先删除已有的扩展分区，然后再重建的办法。

3. 建立逻辑分区

在扩展分区的基础上再划分出逻辑分区，就是将来的分区 D、E、F……。选中新建立的扩展分区（绿色区域）后，然后选择【分区】|【新建分区】菜单命令，输入新分区的大小，之后单击【确定】按钮即可，如图 24-5 所示。重复上述步骤，建立好 3 个逻辑分区，如图 24-6 所示。

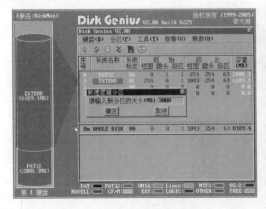 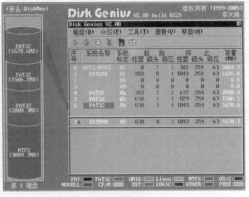

图 24-5 建立逻辑分区　　　　图 24-6 建立好的 3 个逻辑分区

4. 激活主分区

利用本软件，你最多可以建立 4 个主分区，由哪个主分区来引导系统取决于哪个主分区被激活了。因为这里只有一个主分区，所以激活它就可以了。首先选中主分区，然后选择【分区】|【激活（恢复）】菜单命令。激活分区的系统名称将以红色显示，如图 24-7 所示。如存盘前用户未设置启动分区，则自动激活第一个主分区。

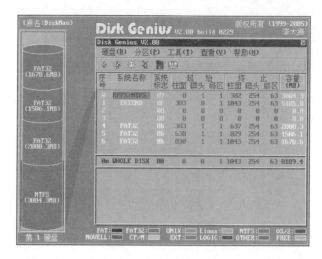

图 24-7　激活的主分区

5. 保存退出

选择【硬盘】|【存盘】菜单命令对分区的结果进行保存，也就是写入分区表。所有的操作都只有在存盘后才会真正对分区表进行操作，只要不存盘，对分区进行的任何修改都不会对硬盘有任何影响。根据提示确认之后，删除已有的引导信息后，选择【硬盘】|【存盘】菜单命令进行存盘，如图 24-8 所示。存盘完毕后，就可以退出程序了。选择【硬盘】|【退出】菜单命令，这时会弹出提示对话框，并提供"退出"、"重新启动"和"取消" 3 种选择。建议先单击【退出】按钮，回到 DOS 提示符界面时，按 Ctrl+Alt+Del 组合键进行重启。重启之后再对所有的分区进行格式化，之后就可以安装操作系统并使用了。

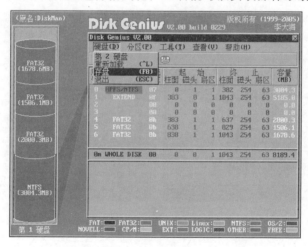

图 24-8　存盘

实训 ② 备份、恢复、重建分区表

在平时进行分区格式化或者分区移动的时候，往往会因为误操作或者软件的问题，使分区表丢失，相应的分区中的文件也消失了。遇到这种情况时，很多人都束手无策。其实，可以使用 Disk Genius 来进行原有分区表的重新构建，从而恢复丢失的分区和分区文件。原有分区如图 24-9 所示。

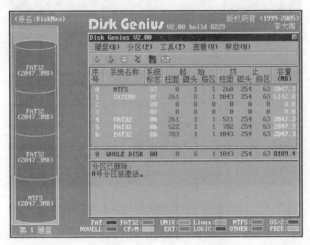

图 24-9　原有分区

原有的扩展分区因为误操作被删除，如图 24-10 所示。

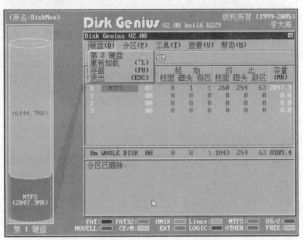

图 24-10　分区丢失

步骤 1　首先用无忧启动盘启动到纯 DOS 模式，注意这时最好使用光盘中的 Disk Genius。如图 24-11 所示为光盘中的 Disk Genius。

步骤 2　备份、恢复分区表。进行分区修复的操作前，为了保证安全性，建议先进行分区表的备份，以便发生意外时可以用备份文件来恢复到备份时的状态。

步骤 3　按 F9 键，或选择【工具】|【备份分区表】菜单命令，在弹出的对话框中输入文件名（默认保存在 A 盘上），即可备份当前分区表。

步骤 4　按 F10 键，或选择【工具】|【恢复分区表】菜单命令，然后输入文件名（默认从 A 盘读取），本软件将读入指定的分区表备份文件，并更新屏幕显示。在确认无误后，

可将备份的分区表恢复到硬盘。

图 24-11　光盘中的 Disk Genius

步骤 5 重建分区表。选择【工具】|【重建分区表】菜单命令，软件会提示是否确认，并建议备份分区表，确认并选择【继续】之后，弹出如图 24-12 所示的提示对话框。

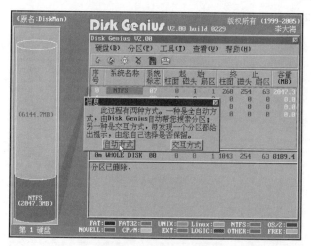

图 24-12　提示对话框

步骤 6 Disk Genius 通过未被破坏的分区引导记录信息（主要是搜索分区表结束标志55AA）重新建立分区表。搜索过程可以采用"自动"或"交互"两种方式进行。

这里选择交互方式，当系统扫描到一个分区时，会和用户交互，询问该分区是否为用户的分区。交互方式对发现的每一个分区都给出提示，由用户选择是否保留。当以自动方式重建的分区表不正确时，可以采用交互方式重新搜索。重建过程中搜索到的分区都将及时显示在屏幕上，但不立即存盘，可以反复搜索，直到正确地建立分区表之后才存盘。分区表建立完毕后，提示存盘，如图 24-13 所示。

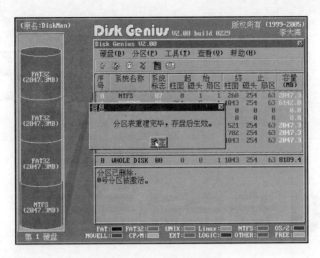

图 24-13　保存分区表

　　本任务给读者提供了一个很好的提示：在使用分区大师或者其他工具进行磁盘管理的时候，如果误操作把分区弄丢了，就可以使用 Disk Genius 等工具对分区进行恢复，以挽回丢失重要数据的损失。

制作 U 盘启动系统

情景描述

　　单位最新采购了一批商务 PC 和商用笔记本电脑。这次为了节省经费，采购经理对配置做了新的要求，都不带光驱。在这种情况下，原来功能非常强大的系统维护光盘就很难派上用场，每次维护的时候都要拆开机器，安装光驱，或者使用移动光驱进行维护。这样一来，不光工作效率低下，每次拆装机器都或多或少地对设备造成了一定的损伤，因此本任务介绍了一个制作并使用 U 盘启动系统的方法。

要点 1　U 盘操作系统简介

　　U 盘操作系统可以实现在任何非 Windows 系统分区，特别是 U 盘、移动硬盘、外置硬盘、MP3、MP4 等移动设备上安装大量的应用程序，当系统重装或者需要在其他计算机上运行已经安装过一次的程序时，就不需要在这些计算机上重复安装这些应用程序，并且以前的所有数据（收藏夹、Cookie、历史记录、聊天记录、网络电话记录、邮件等）都完全保留。只需要在任意 Windows 系统（2000、XP、7）中启动 Prayaya V3，就可以使用安装在 Prayaya V3 上的应用程序了。

　　网站上的下载中心列出了一系列可兼容的程序名单，都是经过测试的常用软件。事实上，多数 Windows 程序都可以在 Prayaya V3 上运行。

　　Prayaya V3 特有的开放式连接功能，可以让你喜欢的程序极其方便地在上面运行，而不用等待官方的打包程序，使得它如同 Windows 一样方便。

　　Prayaya V3 可以同时安装在本机硬盘的每个分区和外部移动设备（U 盘、移动硬盘、外置硬盘、MP3、MP4 等）上。当安装在外部移动存储上的时候，它就是一个便携式智能移动存储操作系统，能给生活、工作和娱乐带来极大的方便。但是，由于移动存储设备数据传输速度的差异性很大（有些比本机硬盘还快，有些劣质品的传输速度可能不到本机硬盘速度的10%），所以有些时候，不要指望它们在外部移动存储设备上像安装在本机硬盘上运行起来那么快，因此建议将其安装在本机硬盘和高速的外部存储设备上，如移动硬盘、高速 U 盘等，互为备份，这是最好的方式。

　　在下载安装程序后，运行安装程序前，可以插入用户需要安装的所有移动存储设备，在安装的时候，该安装程序会首选列出移动存储设备供用户选择，然后安装到所选盘符的根目录下。

　　如果想要在多个移动存储设备或者本机硬盘分区上安装，就多次运行该安装程序。

　　安装程序本身是绿色的，安装完成以后，也不会在注册表和 Windows 系统目录下写入任何文件。只是为了方便应用，会提示在桌面上创建快捷方式。

要点 2　U 盘操作系统的特点

　　制作 U 盘操作系统的方式有多种，最常用的是直接在 U 盘上安装。准备一个大于 512MB 的 U 盘和 U 盘安装工具，在这里选择"WinPE 老毛桃修改之撒手不管版"和 4GB 的爱国者 U 盘。

　　在移动存储设备上完成安装后，安全删除弹出移动存储设备并重新连接到计算机上，右击安装有 Prayaya V3 的移动存储设备图标，就可以启动它了。

U盘操作系统的特点如下。

1．强大的移动性能

Prayaya V3 上可以安装办公、娱乐、输入法、图像处理等常用软件，以后无论是在网吧还是在同学家里，或者是跑客户，只要把安装有 Prayaya V3 的 U盘插入计算机即可轻松办公，而且这些软件都只是装在 U盘上面的，所以只要拥有 Prayaya V3 智能 U盘就可以实现迷你电脑随身带。

2．提供最大的隐私空间

在 Prayaya V3 智能 U盘里，Prayaya V3 所有的动作都在 U盘上进行，办公完毕，拔走U盘即可，不会在办公计算机上留下个人隐私。Prayaya V3 所提供的加密功能，即使 U盘共用或者遗失，也能保护用户的文件和隐私。第一次使用加密功能的用户勾选【启用密码保护】复选框之后，会弹出一个密码输入对话框，而要取消勾选【启用密码保护】时，则需要输入以前的密码。启用密码保护功能之后，在没启动 Prayaya V3 软件时，可以当普通U盘使用，即使他人使用你的 U盘，也不会看到你的隐私文件，这是与普通 U盘加密软件的最大区别。加密后，只能看到 DLL 类型的文件，里面的机密文件或者隐私文件达到了隐藏的效果。加密之后的文件只有在启动了 Prayaya V3 之后才能看到。当然，Prayaya V3 是需要密码启动的，所以说 Prayaya V3 的加密功能可对文件和程序实现双重加密保护。

3．提供最大的便利

在 Prayaya V3 智能 U盘中，在 Prayaya V3 的操作界面中单击 file sync，会弹出同步工具对话框。在【本地磁盘信息目录】中选择要同步的文件夹，在【移动磁盘目录】中选择数据要备份到哪里。【同步时间设置】用来设置多少分钟之后，将同步文件夹中有改动的数据自动备份到磁盘目录。完成这些设置之后，单击【开始同步】按钮，文件会进行第一次数据备份。可以按 Alt+Z 键隐藏同步显示框，让它在后台默默运行备份，以免影响其他操作。在旧版本中，每到备份时间，【同步显示框】会突然弹出并保持 1～2s。不过，这种现象在新版本中已经得到解决。

制作启动 U盘工具

在安装系统前，需要准备好一些东西。一个是操作系统的镜像，另一个就是启动 U盘。下面将讲解如何安装 U盘版本的 Windows XP 系统。

首先在网上下载"WinPE 老毛桃修改之撒手不管版"并保存到硬盘里，再把 U盘接在计算机上，然后按下面的步骤进行操作就可以制作一个启动 U盘了。

步骤 1　首先双击"老毛桃 WinPE"目录下的 Setup.exe 文件，系统会自动弹出 U 盘操作系统安装向导，在这里选择 4，如图 25-1 所示。

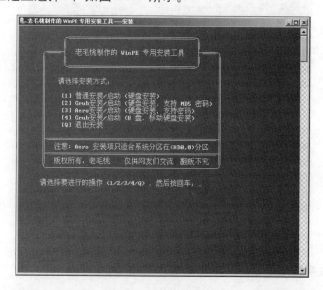

图 25-1　选择安装方式

步骤 2　接下来进入【老毛桃制作的 WinPE 专用安装工具】安装向导，如图 25-2 所示。

图 25-2　安装向导

步骤 3　按 Enter 键后，可以看到要求输入 U 盘盘符的提示，如图 25-3 所示。如果计算机上插有多个 U 盘，这里一定要根据提示选择合适的 U 盘，否则格式化会使数据丢失。

提　示

在这里一定不要在盘符后面加冒号，否则系统无法通过。

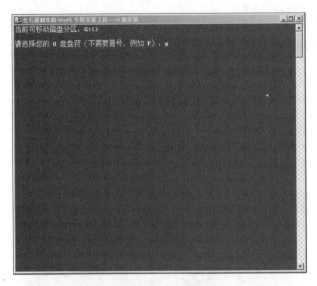

图 25-3　选择 U 盘盘符

步骤 4 接下来系统提示要进入格式化操作，如图 25-4 所示。

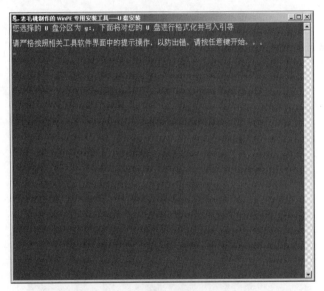

图 25-4　提示要进入格式化操作

步骤 5 接下来系统会自动弹出【HP U 盘格式化工具 MaotaoWinPE 专用版】对话框，单击【开始】按钮，如图 25-5 所示。

步骤 6 之后，系统会弹出【格式化报告】警告对话框，再次提示是否确认进行格式化操作，如图 25-6 所示。

步骤 7 在【格式化报告】对话框中单击【是】按钮，此时系统将进行格式化操作，如图 25-7 所示。

步骤 8 格式化完毕后，系统会自动弹出格式化信息反馈对话框，提示用户格式化完毕，如图 25-8 所示。

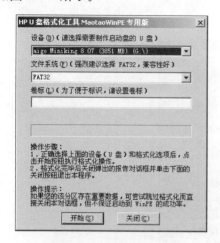

图 25-5　U 盘格式化设置

图 25-6　【格式化报告】警告对话框

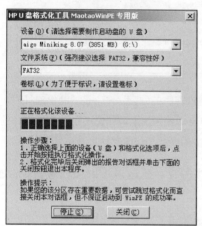

图 25-7　格式化 U 盘

图 25-8　格式化完毕

步骤 9 返回安装系统向导，接下来系统将进一步引导进行真正的系统安装过程，如图 25-9 所示。

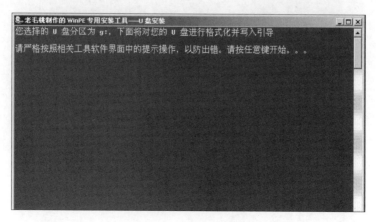

图 25-9　写入引导系统

步骤 10 根据提示，在弹出的【Grub2U 引导 MaotaoWinPE 专用】对话框中，单击【安装】
按钮，如图 25-10 所示。

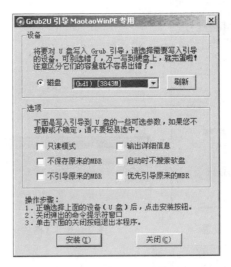

图 25-10 弹出的【Grub2U 引导 MaotaoWinPE 专用】对话框

 提 示

　　这里要说明的是，在选择设备时有两个选项，一个是计算机的硬盘，一个是要制作的 U 盘。这里
一定要选 U 盘，而不能选硬盘，从可用空间大小就能分辨出 U 盘来。本实训使用的 U 盘是 4GB 的，所
以应该选择【(hd1) [3898M]】。对于下面的【选项】区域中的参数，保留默认设置即可。

步骤 11 提示 U 盘已经成功格式化并写入了 Grub 引导，在这里可以按任意键继续安装，
如图 25-11 所示。

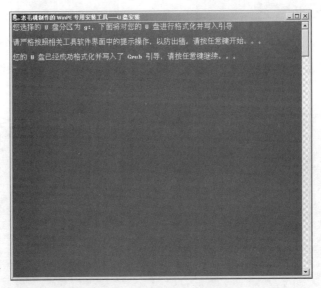

图 25-11 成功写入 Grub 引导

步骤 12 MBR/BS 写入成功，系统会提示按任意键继续，如图 25-12 所示。

图 25-12　成功写入 MBR/BS

步骤 13 为了安全起见，系统要求设置 U 盘启动的密码。在先后两次输入密码后，按任意键开始复制 U 盘系统文件，如图 25-13 所示。完成文件复制后，整个启动 U 盘的制作过程就结束了。

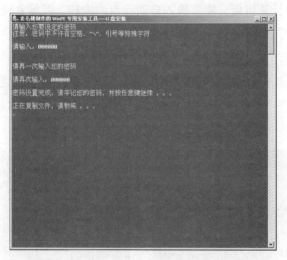

图 25-13　复制 U 盘系统文件

　　不能不设置启动 U 盘的密码，因为这个步骤不能跳过。设置完后，一定要牢记所设的密码，否则启动 U 盘无法使用。

实训 2

用启动 U 盘安装系统

以往用光盘装系统，必须将优先启动项设置为从光驱启动，而现在要用 U 盘安装系统，因此要将优先启动项设为从 U 盘启动。关于具体的设置方法，不同计算机、不同版本的 BIOS 都有所不同，不过都大同小异。

步骤 1 进入 BIOS 界面，选择 Boot 选项，其中可以对计算机启动顺序进行设置，如图 25-14 所示。

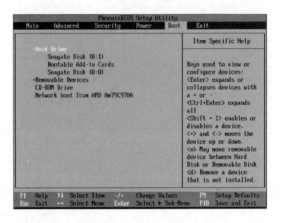

图 25-14 设置启动顺序

步骤 2 重新启动计算机后，要求输入启动 U 盘的密码，即制作该启动 U 盘时所设置的密码。密码输入正确后，即可看到一个选择菜单，选择【WinPE 迷你维护系统（By：MAOTAO）】选项，如图 25-15 所示。

步骤 3 接着进入运行在 U 盘（而不是运行在计算机的硬盘）上的迷你操作系统 Windows PE，它具备很多类似于 Windows XP 的功能。有了它，就可以对计算机"随心所欲"，如图 25-16 所示。

图 25-15 系统启动时的选项

图 25-16 成功进入 U 盘操作系统

步骤 4 在安装新的 Windows XP 前，先用 U 盘上的 Windows PE 对计算机上的 C 盘进行格式化操作。

步骤 5 运行 U 盘上的 Windows PE 自带的虚拟光驱，并选择一个 Ghost 光盘镜像文件。

步骤 6 接着启动 Windows PE 自带的另一个软件——诺顿 Ghost。用它来把系统的 Ghost 镜像文件恢复到之前被格式化的 C 盘里。

步骤 7 使用诺顿 Ghost 恢复系统的方法和使用通常的 Ghost 恢复系统没什么区别。先选择 From Image，然后找到虚拟光驱载入的光盘目录，选择系统镜像文件，接着选择要恢复到的硬盘，然后选择要恢复到的分区。

步骤 8 弹出提示对话框，询问是否要将指定的 Ghost 镜像文件恢复到计算机的 C 盘中，单击 Yes 按钮即可。

步骤 9 恢复完毕后，重启进入系统。至此，用 U 盘安装操作系统即完成了。

值得一提的是，由于整个过程都是在硬盘里读取数据，所以在安装速度上比用光盘安装快很多。

其实，这只是用 U 盘安装系统的一种方法，还有很多其他方法可以安装系统，本任务就不再一一讲述。

有了启动 U 盘，就不用再担心系统崩溃后，重要的资料保存在 C 盘里而无法挽救了，因为只要用 U 盘启动 Windows PE，就可以进入系统将重要资料备份到其他分区里。希望读者可以据此举一反三，灵活运用 Windows PE 这个安装在 U 盘上的非常有用的工具。

任务小结

本任务中，我们解决了系统维护人员的一个新问题，就是在 PC 或者是笔记本电脑没有光驱的时候如何制作一个启动 U 盘，这个工具在日常计算机维护过程中使用起来也非常方便。

U 盘操作系统的
典型应用

情景描述

自有了 U 盘操作系统这个工具后，王云的维护工作方便了很多。刚刚制作的启动 U 盘工具，他显然还不是很熟练，所以本任务对 U 盘操作系统的使用作一个详细的说明。

总的来说，U 盘操作系统的使用跟普通 Windows PE 光盘的使用基本上没有什么太大的区别。下面介绍 U 盘操作系统的使用策略。

1．方便易用的启动工具盘

首先，Windows PE 启动非常快捷，而且对启动环境的要求不高。最可贵的是，虽然名为启动盘，其功能却相当于安装了一个 Windows XP 的"命令行版本"。因此，对于个人计算机用户，只要将其刻录在一张光盘上，便可放心地去解决初始化系统之类的问题，而对小型网络环境（如网吧等）用户来说，该功能尤其实用。

2．有趣的硬盘使用功能

自定义的 Windows PE 不仅可放到那些可移动存储设备（如 CD）上，还可以放在硬盘上使用。许多用户可能会认为将 Windows PE 的自定义版本放在硬盘上没有什么意义，其实不然。把 Windows PE 放在硬盘上应该是最为有趣的地方，且不说当操作系统损坏无法进入的情况下，启动硬盘上的 Windows PE 可以方便地修复系统，关键是由于 Windows PE 在硬盘上，所以在 Windows PE 环境下安装应用程序就有了可能。

 操作与实训

实训　1

进入 U 盘启动系统

步骤 1　启动计算机进入 BIOS 界面，设置启动顺序为从 U 盘启动，如图 26-1 所示。

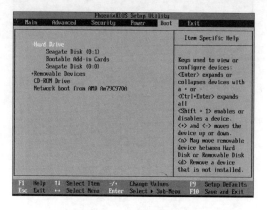

图 26-1　设置启动顺序

步骤 2 设置完成后，按 F10 键保存设置并退出，弹出如图 26-2 所示的对话框，选择 Yes，保存配置更改并退出。

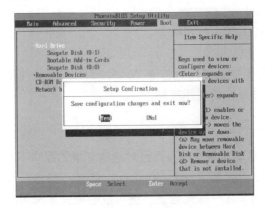

图 26-2　保存配置并退出

步骤 3 重新启动计算机后，会自动从 U 盘启动，并提示输入密码，输入在启动 U 盘制作过程中设置的安全密码，如图 26-3 所示。

图 26-3　输入登录密码

步骤 4 输入密码后，按 Enter 键就可以进入到系统选择菜单，如图 26-4 所示。

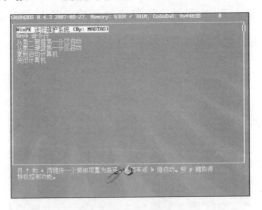

图 26-4　选择系统

步骤 5 接下来系统会自动启动并进入 U 盘操作系统的桌面，如图 26-5 所示。

图 26-5　成功登录 U 盘操作系统

实训 2　典型应用举例

步骤 1 选择【开始】|【程序】|【Windows 系统维护】菜单命令，如图 26-6 所示。

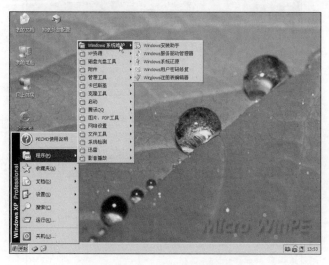

图 26-6　Windows 系统维护工具

步骤 2 选择【开始】|【程序】|【管理工具】菜单命令，可以使用 U 盘操作系统进行系统服务管理、磁盘管理及碎片整理等，如图 26-7 所示。

步骤 3 如果需要对文件进行编辑，可以通过选择【开始】|【程序】|【文件工具】菜单命令选择程序当中的各种编辑工具进行编辑，如图 26-8 所示。

步骤 4 U 盘操作系统最大的好处是可以对原系统的硬盘进行管理，这可以应用到系统不能启动时对文件进行恢复操作，或者对分区进行调整的工作中。分区管理界面如图 26-9 所示。

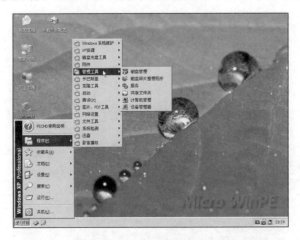

图 26-7　管理工具

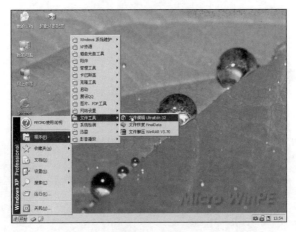

图 26-8　文件工具

图 26-9　分区管理界面

步骤 5 U 盘操作系统中还自带了 Ghost 程序，可以用它来很方便地对系统进行备份和恢复。图 26-10 所示为 U 盘操作系统自带 Ghost 的运行界面。

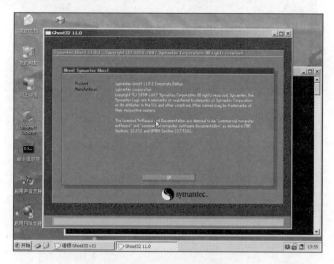

图 26-10　Ghost 运行界面

步骤 6 对于需要进行网络管理的用户，还可以选择相应的网络管理软件进行操作。图
26-11 所示为局域网查看工具。

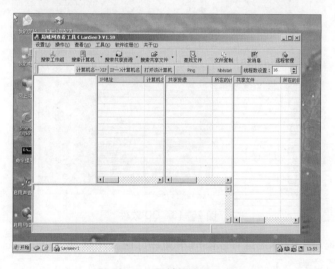

图 26-11　局域网查看工具

步骤 7 对于中了病毒的用户，U 盘操作系统提供了很好的解决方案。可以使用自带的
杀毒软件在不进入硬盘系统的情况下对整个硬盘进行杀毒。图 26-12 所示为 U 盘操作系统
中的杀毒软件。

步骤 8 对于希望能够用到即时通信功能的用户，U 盘操作系统还提供了 QQ 软件，可
以在不进入计算机系统的情况下就很方便地进行聊天。图 26-13 所示为 U 盘操作系统中的
QQ 软件。

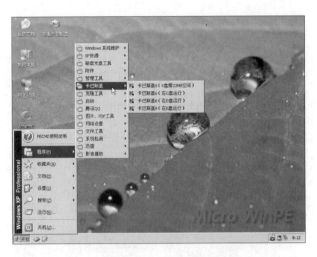

图 26-12　杀毒软件

图 26-13　QQ 软件

　　U 盘操作系统最大的好处是可以随时添加自己的应用软件，可以说，有了 U 盘操作系统，就可以"为所欲为"了。

　　本任务详细介绍了系统维护工具——启动 U 盘的使用。随着新技术的出现，我们的维护技术和方法也要不断地更新，相信学习了本任务后，读者已经对系统维护有了自己的思路。对新技术的学习需要不断地摸索和积累，这样才能成为一个优秀的系统维护人员。

计算机硬件工程师技能实训丛书

ISBN 978-7-03-032833-5
作者 张军
定价 ¥ **39.80** (1DVD 黑白)

主板维修技能实训（第3版）

ISBN 978-7-03-032632-4
作者 田宏强
定价 ¥ **39.80** (1CD 黑白)

打印机维修技能实训（第3版）

ISBN 978-7-03-034114-3
作者 张志鹏
定价 ¥ **48.00** (1CD 黑白)

数码相机维修技能实训（第3版）

ISBN 978-7-03-031499-4
作者 熊巧玲 杨欣元
定价 ¥ **49.80** (1DVD 黑白)

电脑组装与维修技能实训（第3版）

ISBN 978-7-03-035710-6
作者 张军
定价 ¥ **69.00** (1DVD 彩色)

主板维修 全彩超值版 从入门到精通（第3版）

ISBN 978-7-03-035732-8
作者 熊巧玲 田宏强
定价 ¥ **79.00** (1DVD 黑白)

电脑组装与维修 从入门到精通（第3版）

ISBN 978-7-03-035727-4
作者 杨晖
定价 ¥ **42.00** (1CD 黑白)

稳压电源与开关电源维修 从入门到精通

ISBN 978-7-03-035514-0
作者 熊巧玲
定价 ¥ **63.00** (1DVD 黑白)

电脑软硬件维修 从入门到精通（第3版）

ISBN 978-7-03-035516-4
作者 王红军
定价 ¥ **55.00** (1DVD 黑白)

笔记本电脑维护与维修 从入门到精通（第3版）

ISBN 978-7-03-029264-3
作者 王勇 刘晓辉 贺冀燕
定价 ￥55.00　　(1CD 黑白)

ISBN 978-7-03-030206-9
作者 焦昀 巫茜 刘晓辉
定价 ￥89.00　　(1CD 黑白)

ISBN 978-7-03-030972-3
作者 王春海 宋涛
定价 ￥59.80　　(1DVD 黑白)

ISBN 978-7-03-032331-6
作者 王勇 刘晓辉
定价 ￥59.80　　　(黑白)

ISBN 978-7-03-034418-2
作者 姜丹丹 郑建群 张永斌 张伟华
定价 ￥29.00　　　(黑白)

ISBN 978-7-03-030818-4
作者 丰士昌
定价 ￥39.80　　(1CD 黑白)

ISBN 978-7-03-033800-6
作者 丰士昌
定价 ￥39.80　　(1CD 黑白)

ISBN 978-7-03-030759-0
作者 丰士昌
定价 ￥45.00　　(1CD 黑白)

ISBN 978-7-03-030239-7
作者 丰士昌
定价 ￥55.00　　(1DVD 黑白)